Biological Stimulation of Pumpkins on Human body

호박의 인체생리활성 기능

노숙령 / 윤미은

지구문화사
JIGU PUBLISHING Co.

박과 채소의 분류

페포종 호박
(Pumpkin, Summer sqash, 南瓜, Cucurbita pepo L.)

흑종 호박
(Figleaf gourd, 黑種南瓜, Cucurbita ficifolia)

Benincaseae

박(Bottle gourd, 瓠瓜, Lagenaria siceraria Standl.)

동아(Wax gourd, 冬瓜, Benincasa hispida L.)

수박(Watermelon, 西瓜, Citrullus lanatus(Thunb). Matsum.&Nakai)

수세미외(Sponge gourd,絲瓜, Luffa cylindrica Roem.)

Joliffieae

여주(Bitter melon, 苦瓜, Momordica charantia L.)

무종피 재배

호박 재배

인공수분

단호박

애호박과

쥬키니

호박줄무늬과

호박

관상용

씨호박

왕호박

페포계 호박

원진 농원 맷돌호박

국수호박

찜통에 찐국수호박

페포계 호박과 맷돌호박

무종피 호박

씨호박

종피 호박씨와 무종피 호박씨

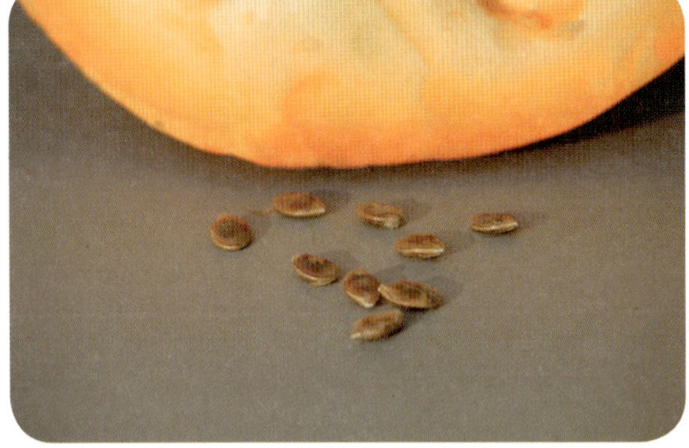
폐포계 호박씨

맷돌호박

맷돌호박 씨

강원도 호박

서양계 호박

가공용 호박 유통

호박씨를 이용한 가공품

호박 보관창고

호박 착즙기

호박 착즙 후 찌꺼기

머리말 PREFACE

인간은 음식을 섭취함으로써 그 생명을 유지하고 성장·발달하며 건강과 수명을 연장한다. 진시황이 불로초를 구하고자 백방으로 노력한 것만 보아도 인간과 먹을거리와 수명의 관계를 알 수 있으며 의학의 시조인 히포크라테스도 '음식으로 고칠 수 없는 병은 의사도 고칠 수 없다'고 갈파한 것을 보면 식의동원(食醫同源)임 또한 알 수 있다.

최근 식품의 분석과 화학적 합성이 발달하고 합성식품 가공기술과 기계의 개발로 식품 한 가지 한 가지의 인체 내 유용성에 대한 연구가 활발해지면서 기능성 식품·음료·화장품에 이르기까지 다양한 제품이 개발되고 있다.

그러나 인체에 영양물질만을 공급한다고 해서 건강한 몸과 마음을 유지할 수는 없다. 같은 부모의 유전자를 받았어도, 음식을 먹고 배설하고 생각하며 일하고 사회적 관계를 맺는 일체의 연관 속에서 늙고 병들고 죽음에 이르는 양상이 모두 다르다. 더욱이 세상에는 수십만 종류의 먹을거리가 존재하는 바, 인간의 기호와 식사 습관, 음식·사회문화적 요인까지 생각한다면 건강과 수명의 문제는 더욱 더 복잡해진다.

현대인들은 바쁘고 고단한 일상 속에서 보다 빨리, 보다 효율적으로 내 몸에 이로운 음식을 섭취하여 항상 건강한 몸을 유지하고자 노력하고 있으나 음식에 대한 구체적이고 바른 정보는 매우 부족한 것이 현실이다.

이 책에서는 지구상의 수십만 종류의 먹을거리 중 우리 주변에서 흔히 볼 수 있고 척박한 땅에서도 잘 자라며 인체에 유익한 기능성 성분을 많이 함유한 호박을 선택하여 연구하면서 호박의 둥글고 아름다운 모습 못지않게 인체에 두루 널리 유익함을 주는 특성인 인체생리활성 기능에 대하여 체계적으로 정리해 보았다.

이 책의 PART 1 에서는 호박 유입의 역사와 품종을 다루었고, PART 2 에서는 호박의 영양성분과 호박에 함유된 성분의 생리활성기능, 그리고 질환에 대한 호박의 효능에 관하여 다루었다. PART 3 에서는 호박의 기능성에 관한 연구동향과 관련 정보를 요약정리하였으며, PART 4 에서는 호박을 식재료로서 적극적으로 활용하기를 기대하며 호박요리 정보를 수록하였다.

짧은 시간에 자료를 수집·정리하느라고 부족한 점이 많지만 이제까지 연구하고 보고된 것들을 모아서 엮어내는 데 지원해 준 농림부에 감사드린다.

먹을거리를 연구·생산해 내는 이들과 먹을 수 있도록 조리·가공하는 많은 이들에게 깊은 감사의 마음을 전하고 본 원고 수집과 작성에 수고해 주신 김천수 박사와 문미정 조교, 이정탁 군에게 고마운 마음을 전하며 지구문화사에도 감사를 드린다.

2010년 3월

저자 대표

차례 contents

PART 3 호박의 기능성에 관한 연구동향과 관련문헌

PART 4 호박요리

표 차례

PART 1.

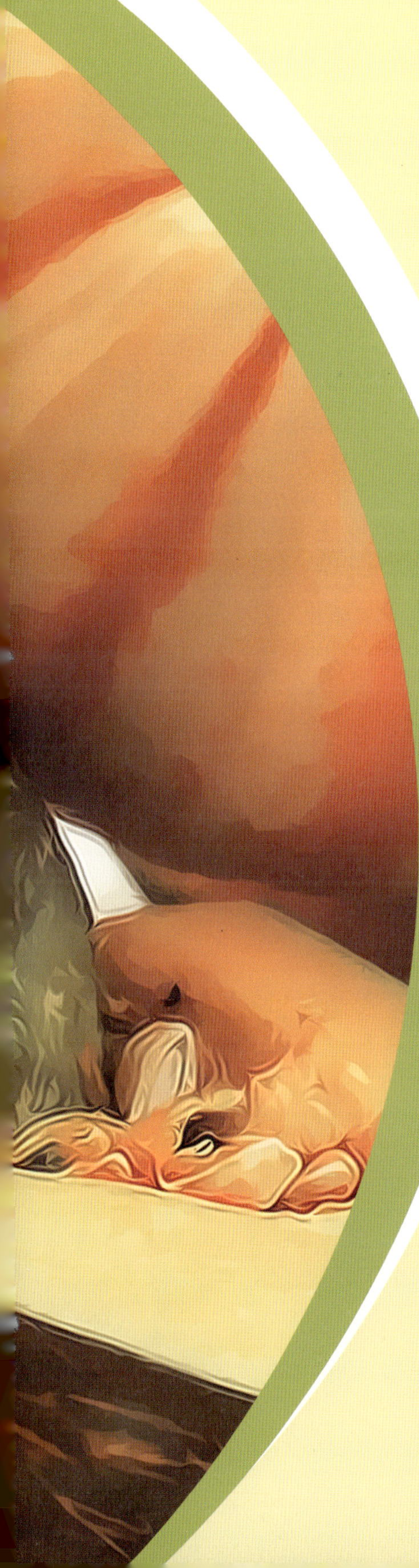

호박유입의 역사와 품종

1-1 호박의 유입역사
1-2 호박의 품종

Biological Stimulation of Pumpkins on Human Body

PART 1. 호박 유입의 역사와 품종

1-1 호박의 유입역사

호박은 분류상 식물계, 종자식물문, 쌍떡잎식물아강, 박과, 호박속에 속한다. 한의에서는 호박을 남과, 동과라고 한다(김창민 1997). 영명인 pumpkin은 팜피온(pompion)의 변형으로 라틴어(pepon)와 히랍어(popou)에 관련이 있으며, 본래 성숙시켜 식용으로 사용하는 박과 과일을 뜻한다. 또 다른 이름인 squash는 북아메리카 인디언들이 부르던 이름(Askuta squash)에서 유래된 것으로 미숙한 시기에 식용하는 과실을 의미한다. 자웅 동주이고 보통 760 g에서부터 8 kg 이상의 대형 호박도 있다(김천수 2003).

(1) 호박의 원산지

호박의 원산지에 대해서는 인도, 아프리카, 동남아시아, 열대 등 여러 가지 설이 있었으나 중남미에서 원주민의 유적에 대한 연구가 진전됨에 따라 신대륙 기원으로 단정하게 되었다. 호박(Cucurbita)의 야생종은 신대륙에만 분포하고 분포가 가장 많은 지역은 멕시코와 중미인데 11종으로 분류된다. 재배종은 동양계 호박, 서양계 호박, 페포계 호박, 잡종 호박 그리고 흑종 호박의 5종이고 그중 전 세계에 널리 재배되고 있는 것은 동양종, 페포종 그리고 서양종의 3종이다.

동양종은 중앙아메리카의 고온다습한 지대에 적응해 온 반면, 서양종은 남아메리카, 페루, 볼리비아, 칠레 북부의 고랭건조 지대에 적응하여 왔으며, 페포종은 멕시코 북부와 미국 서부가 원산지라고 한다(김천수 2003).

(2) 재배내력

우리나라에서 주로 재배되고 있는 호박은 동양계 호박에 속한다. 삼국시대 이후 통일신라시대에 이미 상당히 재배되었다는 기록이 남아 있다. 우리나라에서 호박이 처음으로 기록된 것은 '한정록' 치농편이다. 호박의 전래에 대하여 최남선은 임진왜란 후에 고추 등과 함께 일본을 통하여 들어왔다고 하였으며, 이춘녕은 도입년도를 1605년경으로 추정하였다.

1908년에 원예모범장에서는 일본계 호박과 중국계 호박에 대하여 생산력을 비교한 바 있고, 1910년의 원예모범장 채소재배 성적에 의하면 극조생, 흑피, 축면계, 구좌계 등에 대한 작형별 품종비교 시험 결과가 있으며, 1911년에는 축면 하바드(Hubbard) 등의 품종이 소개되었다(임선영 2005).

우리나라의 재래호박인 동양계 호박은 척박한 땅에서도 잘 자라고, 암꽃은 개화 후 급속히 자라서 익기 전부터 맛이 좋기 때문에 애호박이나 풋호박의 이름으로 이용법이 발달하였다. 또 청둥호박이나 늙은 호박 등 성숙된 호박은 저장성이 있어 가을부터 이듬해까지 구황식품으로서 식량이 부족할 때 호박범벅 등으로 많이 이용하였다. 그뿐만 아니라 잎, 순, 꽃도 식용으로 이용된다.

1920년대 이후 도입된 서양계 호박인 단호박은 비교적 서늘한 건조기후 조건에서 잘 자라는 방추형이나 평원형의 호박인데 색깔은 흑록색, 회색, 등황색 등을 나타내고 육질은 분질이 많으며 완숙된 것은 쪄서 먹으면 맛이 좋다.

이 단호박은 일제강점기 시대에 일본인이 주로 이용하여 왜호박으로 호칭하여 배척하였으며, 그로 인하여 우리나라에서는 단호박의 이용이 많지 않았다. 쪄먹는 호박으로 대략 1985년 이후부터 제주도와 전남 및 해남 등에서 일본 수출용으로 재배되고 있다 (김천수 2003).

1955년에 도입된 쥬키니(Zucchini)는 입목성으로 하우스 재배에 적합한 품종이다.

1-2 호박의 품종

호박은 CRC Ethnobotany desk reference(Timothy, 1998)에 의하면 9가지 이상의 품종이 있으며 품종별로 모양과 크기, 색깔, 산지, 용도가 다르다. 분류에 의하면 인체생리활성 기능이 잘 알려진 것도 있고 아직 연구 중인 것도 있으며, 독성이 있는 것도 있다.

편의상 성숙도에 따라 애호박(조생종)과 재래종(만생종)으로 구분하여 부르고 있다(허수진 등 1998).

애호박

호박

관상용 호박

왕호박

(1) 동양계 호박(C. moschata Duch.)

학명 : *Cucurbita moschata duchesne*(동양종)

우리나라 재래종 호박이 이에 속하는데 청과(애호박)와 숙과(늙은 호박)를 식용으로 한다. 재배호박 가운데 저온에 제일 약하며 고온 다습한 열대지대에서 생육이 왕성하다. 이 종은 기원전 5,000년과 3,000년의 멕시코와 페루 유적지에서 발견되었으며, 남미와 북미에 전파되어 옛날부터 재배해 오던 것으로 각 지역의 지방 품종으로 특색이 있는 것도 있다.

종자의 색깔과 지리적 분포에 따라 두 가지 형으로 알려졌는데 한 가지는 백색종자로 멕시코와 과테말라에 분포되어 있고, 다른 하나는 갈색 또는 암갈색의 종자로서 파나마와 남미에 분포되어 있다. 16세기 유럽과 중국에 전파되었는데 '본초강목'에 다른 종과 함께 전파된 기록이 있고, 일본에는 1553~1554년 사이에 전파되었다. 인도, 말레이시아, 중국, 한국 등 동양 여러 나라에서 호박 품종의 주체를 이루었다.

동양계 호박의 단면

병충해에 강하며 숙과는 저장성이 양호하다. 과실은 크고, 익으면 황색이 된다. 육질은 점질이지만 익기 전부터 풍미가 있다. 과실자루는 5각형이며 서양계 호박의 원통형과 대조된다. 줄기는 가늘고 분지성이 크다. 뿌리는 잔뿌리의 재생력이 크고 이식성이 강하다.

동양계 호박

동양계 호박의 씨

(2) 서양계 호박(C. maxima Duch.)

학명 : *Cucurbita maxima duchesne*(서양종)

서양계 호박

서양계 호박은 덩굴성과 비덩굴성이 있는데, 소화 흡수가 잘 되는 당질과 비타민 A의 함량이 높아서 식품 가치가 우수하다. 우리나라에서는 단호박 또는 밤호박으로 불리고 있다. 서늘하고 건조한 기후에서 잘 자란다. 과실은 방추형이나 평원형 등의 모양을 가지고 있고, 과실의 색깔도 흑록색, 회색, 등황색 등이 있으며, 육질은 분질이 많고, 완숙해야 풍미가 난다. 과실자루는 원통형이며 동양계 호박이 목질인 데 비하여 해면질이다. 줄기는 원줄기의 신장력이 강하고 분지성이 약하며 뿌리의 재생력도 약하다.

(3) 페포계 호박(C. pepo L.)

학명 : *Cucurbita pepo Land*

우라나라에서 재배되는 페포계의 호박은 주로 청과용으로 이용되는 쥬키니 계통이 거의 대부분이다. 이 계통은 비덩굴성으로 마디 사이가 짧고 잎과 과실이 총생하는데, 생육기간이 비교적 짧고 저온에 잘 견디므로 남부지방에서 촉성재배용으로 많이 이용되고 있다.

최근에 소개된, 과실이 작고 모양이 기이하며 다양한 무늬와 색깔을 띠는 관상용 호박과 과실내부의 과육이 국수처럼 되어 있는 국수 호박도 페포종이다. 과실자루나 줄기는 동양종 호박과 같이 5각형이다.

쥬키니 호박

페포계 호박

(4) 잡종 호박(C. mixta Pang)

학명 : *Cucurbita mixta Pang*

동양계 호박과 페포계 호박인 쥬키니 계통의 종간교잡으로 육성된 것들은 거의 청과로 이용되고 있다. 암꽃의 착생이 많으며 마디 사이가 짧고 저온신장성이 양호하여 반촉성 또는 봄철 조기 하우스 재배에 많이 이용되고 있다. 그러나 고온에 견디는 힘이 약하고 바이러스에 약하여 한여름을 넘기기가 어렵다.

서양계 호박과 동양계 호박의 종간잡종인 신토좌는 주로 대목용으로 이용한다. 흡비력이 강하여 생육이 왕성하며, 뿌리나 줄기가 썩거나 줄기의 물관부가 침해되어 물의 통로가 막혀서 포기 전체가 시드는 덩굴쪼김병(시들음병) 등 토양 전염병에 강하고, 습해에 견디는 힘도 강하다. 흰가루병이나 역병에도 강하고 저장성도 있다.

꽃가루가 불임이므로 화분을 친 품종을 10 % 정도 혼식할 필요가 있다. 과실의 외관은 좋지 않으므로 오이, 멜론, 수박의 대목용 이외에는 보급되어 있지 않다.

(5) 흑종 호박(C. Ficifolia Bouche)

학명 : *Cucurbita Ficifolia Bouche*

흑종 호박

씨앗이 검기 때문에 흑종이라 불리는 흑종 호박은 서늘한 지역에 적응성이 있는 다년생 초본으로 과실은 녹색 바탕에 흰 점이 있으며 과피가 단단하다. 과육은 과자를 만들어 먹거나 발효시켜서 알코올음료를 만들기도 했는데 과육과 암술의 씨방 안에서 밑씨가 붙는 부분인 태좌 분리가 어려우므로 채종이 쉽지 않다.

저온신장성이 크고 내한성과 내병충성이 강하기 때문에 오이의 대목으로 많이 이용된다. 저온단일 하에서만 암꽃이 맺히기 때문에 우리나라에서는 채종이 어렵다. 종자는 휴면이 있으므로 조기착과하여 완숙된 후 수확해서 후숙하지 않고 곧바로 채종하면 휴면을 줄일 수 있다.

PART 2.

호박의 생리활성기능

2-1 호박의 인체생리활성 영양성분
2-2 호박의 인체생리활성 특수성분
2-3 각종 질환에 대한 호박의 효능에 관한 연구 및 정보

Biological Stimulation of Pumpkins on Human Body

호박의 생리활성기능

호박 중에 아직 익지 않은 호박의 어린 열매를 애호박, 익어서 잘 굳은 호박을 청둥호박, 보기에 예쁜 호박을 화초 호박이라고 한다. 그런데 어느 것이든 다 약효가 있다고 한다.

호박의 인체 내 생리활성기능으로는 류머티즘, 이뇨작용, 진통제, 신경안정작용, 촌충약으로 쓰일 수 있음이 제시되었다. 그리고 처방으로는 피부의 종기, 열병, 소화기나 신장질환, 방광질환, 천연두, 부인병과 임신 및 남성의 전립선에 효과적 기능을 갖고 있음도 기록되어 있다(Timothy, 1998).

식물학사전(송주택, 거북출판사)에는 호박류는 식용과 사료용으로 쓰이며 약용으로는 강장작용과 야맹증에 효과가 있다고 하였다.

본서에서는 동양계 호박 중에서 늙은 호박(맷돌호박)을 중심으로 생리활성기능을 살펴보았다.

2-1 호박의 인체생리활성 영양성분

1. 한국에서 생산된 호박의 일반성분

한국에서 생산된 호박 중 늙은 호박, 단호박, 애호박 생것의 부위별 에너지, 수분, 조단백, 조지방, 조섬유, 조회분의 성분에 따른 함량은 표 2-1에서 보는 바와 같다. 그러나 호박의 산지와 생산년도 및 연구자에 따라 각 성분의 함량 차이가 다소 있음이 나타났다.

호박은 척박한 땅에서도 잘 자라고, 다른 채소류에 비해 병해충이 심하지 않으며, 약재를 살포할 필요가 거의 없으므로 친환경 식품으로도 의의가 크다.

보통은 호박의 과육과 씨만을 섭취한다. 그런데 늙은 호박의 경우에는 가식 부위인 과육(84.1 %)과 씨(3.5 %)가 87.6 %이고, 비가식 부위인 껍질과 꼭지 그리고 씨를 감싸고 있는 섬유상 부위는 12.4 %로 구성되어 있다(장상문 등 2002).

석호문 등(1990)도 호박의 중량 중 과육의 부위가 84 %로 가장 함유율이 높았고 껍질이 10 %, 그리고 내부 섬유상 물질이 3.5 %를 차지했다고 하였다.

김성란 등(2005)은 과육이 79.8 %로 가장 높았고, 껍질(15.3 %), 섬유소(2.5 %)와 씨(2.2 %) 및 꼭지(0.2%) 순이었다. 단호박도 비슷한 경향으로 과육이 82.3 %로 가장 높았으며, 껍질(9.6 %), 섬유소(5.3 %), 씨(2.8 %), 꼭지(0.3 %) 순이었다고 하여 연구자별로 약간의 차이가 있다.

표 2-1 한국에서 생산된 호박의 성분 분석

g/100g

구분	연구자, 연도, 대상호박	성분[1)] / 부위	에너지 (kcal)	수 분	조단백
늙은 호박	노숙령 외, 2009년 맷돌호박 생것	껍질과 섬유소* 과육 즙**	35.88±0.31 19.71±0.18 11.87±0.23	90.83±0.06 93.55±2.27 96.65±0.02	1.57±0.04 0.74±0.01 0.46±0.01
	노숙령 외, 2009년 페포계 생것	껍질 과육	25.47 11.77	93.60±0.03 96.77±0.02	0.93±0.01 0.21±0.01
	노숙령 외, 2009년 동양계 생것	껍질 과육	48.98 19.37	87.19±0.01 94.23±0.01	1.13±0.10 0.30±0.07
	식품성분표, 2006년 늙은 호박 생것	과육	27	91.0	0.9
	식품성분표, 2006년 국수호박 생것	과육	7	96.7	0.8
	김성란 외, 2005년 생것	과육	27.72	92.30	0.66
	장상문 외, 2001년 생것	껍질 과육 섬유소*	.	ND	19.82±2.91 9.83±2.03 16.43±1.44
	허수진 외, 1998년 (생것)	과육	.	94.19	1.36
단호박	노숙령 외, 2009년 생것	껍질 과육	97.19 61.70	75.68±0.0484.0 4±0.02	1.66±0.27 1.13±0.10
	김성란 외, 2005년 생것	과육	46.25	87.60	1.55
	허수진 외, 1998년 (생것)	과육	.	87.87	1.74
애호박	식품성분표, 2006년 애호박 생것	과육	24	91.9	1.4

구분	연구자, 연도, 대상호박	성분[1] 부위	조지방	조섬유	조회분
늙은 호박	노숙령 외, 2009년 맷돌호박 생것	껍질과 섬유소* 과육 즙**	0.65±0.01 0.44±0.01 0.12±0.01	2.01±0.01 1.29±0.24 0.08±0.01	1.00±0.14 0.74±0.01 0.53±0.01
	노숙령 외, 2009년 페포계 생것	껍질 과육	0.47±0.07 0.05±0.01	1.23±0.01 0.37±0.00	0.63±0.01 0.34±0.00
	노숙령 외, 2009년 동양계 생것	껍질 과육	0.66±0.04 0.09±0.01	3.43±0.10 0.74±0.01	1.40±0.02 1.04±0.00
	식품성분표, 2006년 늙은 호박 생것	과육	0.1	7.5(섬유소)	0.8
	식품성분표, 2006년 국수호박 생것	과육	.	1.9(섬유소)	0.6
	김성란 외, 2005년 생것	과육	0.12	0.49	0.43
	장상문 외, 2001년 생것	껍질 과육 섬유소*	3.12±0.45 1.65±0.27 2.06±0.88	3.43±0.62 4.56±0.29 8.08±0.31	14.31±1.11 5.05±0.97 4.01±0.16
	허수진 외, 1998년 (생것)	과육	0.33	0.63	0.51
	석호문 등, 1990년 늙은 호박 생것	과육 섬유소*	0.71 0.60	0.92 1.23	0.88 0.90
단호박	노숙령 외, 2009년 생것	껍질 과육	0.87±0.10 0.42±0.02	2.24±0.00 1.09±0.02	1.12±0.06 1.05±0.01
	김성란 외, 2005년 생것	과육	0.61	0.93	0.67
	허수진 외, 1998년 (생것)	과육	0.48	1.06	0.91
애호박	식품성분표, 2006년 애호박 생것	과육	0.1	0.4	0.7

ND : 분석하지 않음

* 섬유소 : 호박씨를 둘러싸고 있는 실과 같은 물질

** 즙 : 호박을 통째로 압력솥에 쪄서 압착한 것

호박은 생리활성기능이 탁월하여 앞으로 개발 여지가 많은 식품이다. 생리활성 물질들 중에 영양성분에 관한 연구들을 조사한 결과는 다음과 같다.

2. 호박의 당질 함량

호박의 영양성분은 부위에 따라서도 다르지만 숙성 정도에 따라서도 다르다. 즉 애호박과 늙은 호박 모두 당질이 70.65∼70.95 %로 가장 많았다. 당질 중 sucrose, fructose, maltose, lactose 등이 확인되었다. 호박이 숙성함에 따라 sucrose와 fructose는 감소하였고, glucose와 maltose 그리고 lactose는 증가하였다.

호박에 함유되어 있는 유리당은 단호박과 늙은 호박에서 모두 포도당(1065.5mg/100g, 923.4mg/100g)이 가장 많았고, 그 다음이 과당(658.3mg/100g, 832.7mg/100g)과 서당(198.4mg/100g, 27.6mg/100g)이었으나, 총 유리당 함량은 단호박(1957.9mg/100g)이 늙은 호박(1782.6mg/100g)보다 많은 것으로 나타났다(허수진 외 1998).

3. 호박의 식이섬유 함량

늙은 호박의 식이섬유 함량은 단호박과 애호박보다 많은 것으로 나타났다.

늙은 호박의 경우는 수용성 식이섬유도 다른 호박과 호박잎에 비해 많아 혈액 중 콜레스테롤을 낮추는 효과와 관련이 있을 것으로 보이며, 불용성 섬유소의 함량도 높아 변비예방에도 효과가 있을 것으로 사료된다.

2005년 국민건강영양조사 결과, 애호박은 전국 평균 9.7±0.4g/day 섭취하는 것으로 나타났는데 20∼29세에서 12.3±1.1g/day으로 가장 많이 섭취하였다. 30∼49세가 11.5±0.6g/day을 섭취하고 있었고, 그 다음으로 50∼64세, 13∼19세, 65세 이상, 7∼12세, 3∼6세, 1∼2세 순으로 섭취량이 줄어들었다.

표 2-2 호박과 호박잎의 식이섬유 함량

단위 : g

	식이섬유 총량	수용성 식이섬유	불용성 식이섬유
늙은 호박	3.4	1.0	2.4
단호박	1.8	–	–
애호박	1.4	0.4	1.0
호박잎	3.4	0.3	3.0

식품성분표, 2006년, 농촌진흥청

그러나 늙은 호박은 전체 0.6±0.1g/day으로 애호박보다 섭취량이 매우 낮았다. 65세 이상이 1.3±0.5g/day으로 가장 많이 섭취하였고, 30~49세가 0.8±0.2g/day을 섭취하고 있었으며, 50~64세, 3~6세, 13~19세, 7~12세, 20~29세, 1~2세 순으로 애호박에 비해 섭취량도 적었고, 노인과 성인들이 주로 선호하는 것으로 나타났다.

이와 같이 기호 면에서 반찬용으로 쓸 수 있는 애호박을 선호하고 있고, 국민 식생활 패턴이 점차 서구화됨에 따라 늙은 호박이 차지하는 비율은 20% 미만에 불과한 것으로 보고되었다(석호문 등 1990).

4. 호박의 단백질 함량

늙은 호박은 단호박에 비해 수분 함량이 많아 상대적으로 조단백, 조지방 함량이 낮은 경향이었다. 그러나 조섬유와 식이섬유, 그리고 조회분에서는 연구자에 따라 값의 차이가 있었다. 조규성(1997)은 호박의 품종, 생산지, 수확시기 등에 따라서도 성분의 차이가 나타난다고 하였다.

표 2-1에 한국에서 생산된 호박의 부위별 에너지, 수분, 조단백, 조지방, 조섬유 그리고 조회분의 성분분석 결과를 제시하였다.

호박의 단백질은 14.0~15.2% 가량 함유되어 있는데 15가지의 아미노산이 확인되고 이들 중 aspartamic acid, tyrosine, histidine, arginine 등은 숙성함에 따라 증가하는 경향을 보인다고 하였다(조규성 1997).

유리 아미노산도 단호박이 846 mg%로 늙은 호박의 526 mg%보다 함유량이 많았다. 주요 아미노산도 단호박의 경우는 cystine, arginine, tyrosine, aspartic acid인 데 비해 늙은 호박은 aspartic acid, threonine, cystine, arginine으로 나타났다. 또한 필수 아미노산도 단호박이 늙은 호박보다 많이 함유되어 있는 것으로 나타났다(허수진 외 1998).

2004년 윤선주 등은 국내산 늙은 호박 종자를 수집하여 생산한 후 과육의 유리 아미노산을 분석하였는데 이뇨작용과 관련이 있는 아미노산인 ornithine, citrulline, arginine이 모든 종자에 함유되어 있다고 보고하였다. 또한 tryptophane을 제외한 모든 필수 아미노산이 함유되어 있어서 호박은 건강 채소라고 하였다.

5. 호박의 지방산 함량

호박 과육의 지방산 조성을 보면 단호박은 올레산과 팔미트산이 가장 많은 반면, 늙은 호박의 경우는 리놀렌산과 리놀레산이 많은 것으로 나타났다(표 2-3).

표 2-3 호박의 부위별 지방산 함량

g/100g

연구자, 연도, 대상호박	성분[1] / 부위	팔미트산 (16:00)	스테아르산 (18:0)	올레산 (18:1)	리놀레산 (18:2)	리놀렌산 (18:3)
노숙령 외, 2009년 늙은 호박	껍질과 섬유소	34.44	4.92	13.30	27.72	15.44
	과육	27.90	5.40	20.15	29.71	15.16
	즙	22.11	8.70	17.02	26.30	17.25
식품성분표, 2006년 늙은 호박 생것	과육	26.2	3.8	1.3	26.1	38.9
식품성분표, 2006년 늙은 호박 삶은 것	과육	26.6	3.5	2.8	17.2	44.8
식품성분표, 2006년 단호박 생것	과육	20.4	4.7	36.5	21.2	11.4
허수진 외, 1998년 늙은 호박 생것	과육	33.47	3.78	2.58	19.13	22.07
허수진 외, 1998년 단호박 생것	과육	20.44	4.72	36.46	21.22	11.38

6. 호박의 부위별 무기질 함량

호박의 무기질 함량은 호박 부위별로도 다르다. 비가식 부위로 버려지는 껍질과 섬유소가 과육 부위보다 마그네슘, 칼슘, 칼륨, 인, 아연 그리고 철 모두의 함량이 높았다. 칼슘과 철은 흡수율이 15~30% 정도로 낮은 무기질이며 우리나라의 영양섭취 상태를 보았을 때도 부족하게 섭취하는 인구가 많은 것이 무기질이다.

늙은 호박의 경우 미숙호박인 애호박보다 칼슘과 철분의 함량이 5배 정도 많으므로 필요량이 많은 성장기 어린이나 흡수율이 낮은 노인기에 특히 일상 식사에서 적극적인 사용을 추천한다.

늙은 호박을 된장찌개나 짜장 및 카레 등의 요리에 애호박 대신으로 사용할 수도 있고, 채를 쳐서 호박전을 부쳐 먹을 수도 있다. 또한 늙은 호박은 조리 시에 껍질 부분과 씨를 둘러싸고 있는 섬유소 부분을 함께 이용하면 손실되는 무기질을 줄일 수 있다.

호박은 칼슘 외에도 칼륨, 마그네슘 등 알칼리성 무기질의 함량이 산성 무기질인 인의 함량보다 많은 알칼리 식품이다.

표 2-4 호박의 부위별 무기질 함량

연구자, 연도, 대상호박	성분[1] / 부위	칼슘	칼륨	인
노숙령 외 2009년 g/100g, 늙은 호박 생것	껍질과 섬유소 과육 즙	23.47±1.60 14.88±0.40 10.39±0.71	327.77±9.21 297.14±8.71 224.10±21.0	54.77±1.55 3.21±0.87 .
식품성분표 2006년 g/100g, 늙은 호박 생것	과육	28	334	30
김성란 외 2005년 mg%, 늙은 호박 동결건조	과육	116.34	2,413.87	219.83
허수진 외 1998년 ppm, 늙은 호박 냉동	과육	151.40	1,961	.
조규성 1997년 ug/g, 늙은 호박 열풍건조	과육	181.41	285.21	.
조규성 1997년 ug/g, 미숙호박 열풍건조	과육	220.96	256.46	.
식품성분표 2006년 g/100g, 단호박 생것	과육	4	507	37
김성란 외 2005년 mg%, 단호박 동결건조	과육	116.11	2,384.52	228.30
허수진 외 1998년 ppm, 단호박 냉동	과육	230.00	2,912	.
식품성분표 2006년 g/100g, 서양호박 생것	과육	61	201	24
식품성분표 2006년 g/100g, 애호박 생것	과육	13	293	44

연구자, 연도, 대상호박	성분[1] / 부위	마그네슘	아연	철
노숙령 외 2009년 g/100g, 늙은 호박 생것	껍질과 섬유소 과육 즙	55.80±6.28 8.72±0.09 10.37±0.15	0.95±0.06 0.55±0.06 0.57±0.07	1.47±0.04 0.77±0.01 0.62±0.20
식품성분표 2006년 g/100g, 늙은 호박 생것	과육	.	(0.20)	0.8
김성란 외 2005년 mg%, 늙은 호박 동결건조	과육	95.30	.	2.47
허수진 외 1998년 ppm, 늙은 호박 냉동	과육	2.23	3.78	7.19
조규성 1997년 ug/g, 늙은 호박 열풍건조	과육	87.38	.	8.21
조규성 1997년 ug/g, 미숙호박 열풍건조	과육	109.93	.	5.27
식품성분표 2006년 g/100g, 단호박 생것	과육	1	0.60	0.4
김성란 외 2005년 mg%, 단호박 동결건조	과육	89.45	.	6.65
허수진 외 1998년 ppm, 단호박 냉동	과육	5.09	6.00	14.70
식품성분표 2006년 g/100g, 서양호박 생것	과육	9	0.20	2.4
식품성분표 2006년 g/100g, 애호박 생것	과육	.	.	0.4

동결 건조나 열풍 건조한 호박의 경우에는 생것인 경우보다 무기질 함량이 많은 것으로 나타났고, 호박의 성숙 정도에 따라서도 함량이 다르다. 늙은 호박은 익기 전인 미숙호박보다 칼슘과 마그네슘 함량이 많았다.

호박껍질과 씨 및 섬유소 모두를 쪄서 압착하여 즙으로 한 호박즙(2009년 노숙령 외)의 경우 칼륨뿐만 아니라 칼슘, 마그네슘, 아연, 철 등이 과육과 비슷한 수준으로 함유되어 무기질 섭취가 부족하기 쉬운 학동기와 청소년기의 무기질을 보충할 수도 있을 것이다.

7. 호박의 부위별 비타민 함량

호박은 녹황색 색소인 카로틴을 함유해서 비타민 A의 함량이 높은데 단호박이 늙은 호박보다 비타민 A 함량이 높았다. 비타민 C도 단호박에 많이 함유되어 있는데 동결 건조한 경우에 그 함량이 증가하였다. 총 카로티노이드와 총 페놀 함량은 버려지는 부위인 섬유소 부분에서 가장 함량이 높았다.

총 플라보노이드류는 껍질과 섬유소 그리고 과육 순으로 나타났다(장상문 등 2001). 카로티노이드의 경우는 86.8 %인 65.33 mg%가 섬유소에 포함되어 있었으며 과육에 8.8%인 6.61 mg%, 껍질에 4.4 %인 3.31 mg%가 함유되어 있다고 한다(석호문 등 1990).

표 2-5 호박의 부위별 비타민 함량

연구자, 연도, 대상호박	성분[1] / 부위	비타민 A RE/100g	카로티노이드 mg%	비타민 B_1 mg/100g
노숙령 외, 2009년 늙은 호박 생것	껍질과 섬유소 과육 즙	6036.21±96.04 6195.40±29.28 7.58±0.14	. . .	0.04±0.01 0.04±0.00 .
식품성분표, 2006년 늙은 호박 생것	과육	119	712(ug/100g)	0.07
김성란 외, 2005년 늙은 호박 동결건조	과육	91.11 (IU/100g)	24.62	.
허수진 외, 1998년 늙은 호박	과육	.	0.50	.
식품성분표, 2006년 단호박 생것	과육	670	4018(ug/100g)	0.03
김성란 외, 2005년 단호박 동결건조	과육	2296.97 (IU/100g)	285.91	10.69
허수진 외, 1998년 단호박	과육		1.22	.
식품성분표, 2006년 서양호박 생것	과육	140	729(ug/100g)	0.06
식품성분표, 2006년 애호박 생것	과육	25	149	0.11

연구자, 연도, 대상호박	성분[1] / 부위	비타민 B_2 mg/100g	니아신 mg/100g	비타민 B_6 mg/100g	비타민 C mg/100g
노숙령 외, 2009년 늙은 호박 생것	껍질과 섬유소 과육 즙	0.06±0.00 0.03±0.00 0.03±0.00	. . .	0.13±0.00 0.10±0.01 0.14±0.00	0.95±0.10 2.82±0.15 2.16±0.09
식품성분표, 2006년 늙은 호박 생것	과육	0.08	1.5	0.04	15
김성란 외, 2005년 늙은 호박 동결건조	과육	.	.	.	32.38
허수진 외, 1998년 늙은 호박	과육	.	.	.	0.27
식품성분표, 2006년 단호박 생것	과육	0.04	0.3	0.12	21
김성란 외, 2005년 단호박 동결건조	과육	19.02	.	.	88.07
허수진 외, 1998년 단호박	과육	.	.	.	3.60
식품성분표, 2006년 서양호박 생것	과육	0.08	0.8	(0.02)	40
식품성분표, 2006년 애호박 생것	과육	0.08	0.6	.	0

8. 호박씨의 일반 성분

호박의 크기와 형태에 따라 차이가 있으나 대략 340~370개의 호박씨가 들어 있으며, 껍질 부위가 22%, 알맹이가 78%의 구성비를 나타내고 있다(김현오 외 2001). 호박씨의 구성 성분을 보면 조지방이 41.24~52.43%로 가장 많았고, 그 다음이 조단백으로 27.48~31.57%, 그 다음은 조섬유, 수분, 조회분순인 것으로 나타났다. 열량은 493.63~650.2kcal/100g이었다(표 2-6).

표 2-6 호박 종류별 호박씨의 일반 성분 비교

g/100g

연구자, 연도, 대상호박	에너지(kcal)	수분	조단백
노숙령 외 2009년, 늙은 호박	559.63±0.50	6.66±0.16	31.57±0.15
노숙령 외 2009년, 페포계 호박	568.31	7.41±0.09	30.88±1.21
노숙령 외 2009년, 동양계 호박	586.44	5.18±0.61	29.81±1.48
노숙령 외 2009년, 단호박	633.43	2.75±0.02	27.48±1.01
김현오 외 2001년, 늙은 호박	650.2	.	26.0
조규성 1997년, 늙은 호박 생것	493.63	5.35	33.83
권용주 외 1985년, 생것 늙은 호박	563.16	6.95	28.79
김준평 외 1978년, 늙은 호박	588.9	6.1	25.5
연구자, 연도, 대상호박	**조지방**	**조섬유**	**조회분**
노숙령 외 2009년, 늙은 호박	41.24±0.01	1.59±0.21	5.00±0.12
노숙령 외 2009년, 페포계 호박	43.99±0.29	14.84±0.06	5.50±0.10
노숙령 외 2009년, 동양계 호박	45.68±1.17	10.85±0.56	5.31±0.02
노숙령 외 2009년, 단호박	52.43±0.14	16.15±0.51	4.42±0.04
김현오 외 2001년, 늙은 호박	54.2	2.8	2.4
조규성 1997년, 늙은 호박 생것	27.87	1.23	4.85
권용주 외 1985년, 생것 늙은 호박	42.12	.	4.91
김준평 외 1978년, 늙은 호박	46.5	.	4.8

9. 호박씨의 단백질 함량

호박씨에는 9가지 필수 아미노산이 모두 들어 있는데 아미노산 조성은 글루탐산이 가장 많았고 arginine, leucine, aspartic acid 순이다. 식품에 있어서 leucine의 함량이 과잉일 경우에 isoluicine과 lysine의 이용이 억제된다고 하는데 호박씨의 leucine : lysine 구성비는 2.7:1로 대두의 5.36:1보다 낮고 안정비율인 4.6:1보다도 낮으므로 필수 아미노산의 불균형을 일으키지 않는 것으로 보고되고 있다(Harper 등 1955).

종피 호박씨와 무종피 호박씨

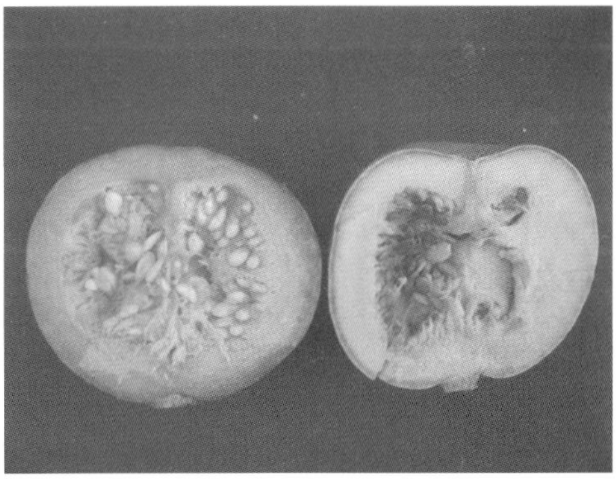

씨호박

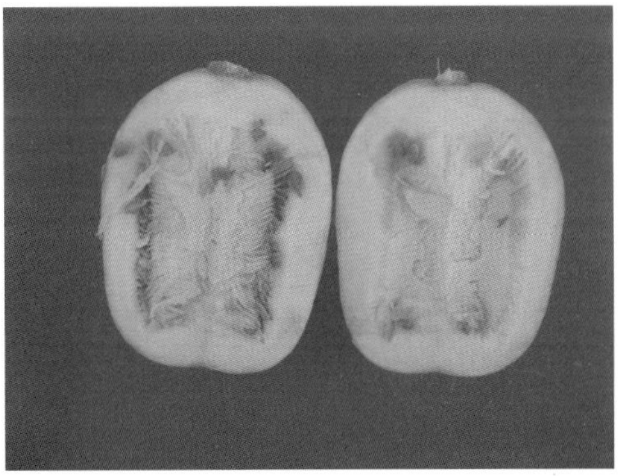

무종피 호박씨

씨호박

10. 호박씨의 지방산 함량

호박씨의 지방량은 잣(김명 등 1984)의 지질 함량 69.0 %보다는 낮았으나 살구씨(남궁석과 이정윤 1987)의 44.79 %와는 비슷한 수준이었다.

2003년 김천수의 연구에서는 호박씨의 경우에 구성물질의 30∼51 %가 지방(주요 지방산은 리놀레산 43∼55 %와 올레산 27∼38 %)이며 나머지 31∼51 %는 단백질, 탄수화물이 6∼8 %, 무기질이 4∼5 %로 구성되어 있다고 하였다. 호박씨의 지방산 조성을 보면 리놀레산과 올레산이 많고 팔미트산, 스테아르산, 리놀렌산, EPA, DHA 순으로 나타났다.

표 2-7 호박 종류별 호박씨의 지방산 함량

g/100g

연구자, 연도, 대상호박	팔미트산 (16:00)	스테아르산 (18:0)	올레산 (18:1)
노숙령 외, 2009년, 맷돌호박	14.61	5.05	23.27
노숙령 외, 2009년, 페포계 호박	12.97±0.72	4.67±0.15	32.40±0.56
노숙령 외, 2009년, 동양계 호박	12.78±0.11	7.33±0.20	31.34±0.12
노숙령 외, 2009년, 단호박	10.84±0.12	5.84±0.03	14.83±0.05
권용주 외, 1985년, 늙은 호박	19.18	.	19.40
김준평 외, 1978년, 늙은 호박	18.1	7.84	22.2

연구자, 연도, 대상호박	리놀레산 (18:2)	리놀렌산 (18:3)	EPA	DHA
노숙령 외, 2009년, 맷돌호박	53.56	0.43	0.12	2.27
노숙령 외, 2009년, 페포계 호박	36.40±0.82	ND	ND	ND
노숙령 외, 2009년, 동양계 호박	35.72±0.25	ND	ND	ND
노숙령 외, 2009년, 단호박	56.60±0.29	ND	ND	ND
권용주 외, 1985년, 늙은 호박	51.67	.	.	.
김준평 외, 1978년, 늙은 호박	51.74	.	.	.

호박의 지방산은 다량의 불포화 지방산과 필수 지방산으로 구성되어 있으며 특히 씨앗의 경우는 지방 함량이 높아 이용 가치가 높다(김주남 1996). 이밖에도 호박씨에는 칼슘, 마그네슘, 아연, 철 등이 많이 함유되어 있어서 성장기 어린이뿐만 아니라 환자나 노인들에게 영양 면에서 매우 좋은 식품이다.

11. 호박씨의 무기질 함량

호박씨의 무기질 함량은 표 2-8과 같다. 호박씨의 무기질 함량은 호박의 과육 부분이나 껍질 그리고 섬유소 부분보다 많은 것으로 나타났다. 이는 호박씨의 수분 함량이 3~7%로 낮은 것과도 관련이 있다. 특히 아연이나 철 등의 미량 무기질을 많이 함유하여 어린이 보충식 개발에 이용되었으며 단백질 함량도 높아 성장을 촉진시킬 것으로 보고하였다.

표 2-8 호박씨의 무기질 함량

mg/100g

성분 / 연구자, 연도, 대상호박	칼슘	칼륨	인	마그네슘	아연	철
노숙령 외, 2009년, g/100g, 늙은 호박 생것	35.98±1.59	634.29±41.32	1123.23±14.97	606.63±7.79	9.51±0.24	3.50±0.71

12. 호박씨의 비타민 함량

호박씨의 비타민 함량은 표 2-9와 같다. 호박씨에는 지방이 많은 것과 비슷하게 지용성 비타민인 비타민 A가 많이 함유되어 있었다.

비타민 C도 7g 정도 함유하여 대부분의 견과류나 종자류의 경우에 비타민 C를 거의 함유하지 않은 것과는 다른 결과였다. 그러나 생밤, 생은행, 생연씨 등 견과류·종실류를 익히거나 말리지 않은 경우는 비타민 C를 함유하고 있었던 것과 비슷하였다. 비타민 C는 칼슘과 철분의 흡수율을 높여주는 효과를 나타낸다고 하니, 호박씨를 볶거나 익히지 않고 섭취한다면 호박씨의 칼슘과 철분의 흡수율을 높일 수도 있다고 본다.

2-2 호박의 인체생리활성 특수성분

호박의 특수성분으로 주목받고 있는 것들에는 인슐린 활성을 조절하는 단백질 성분인 D-Chiro-inositol, 호박의 쓴맛 성분인 Cucurbitacin E, 호박씨의 지방을 주로 구성하고 있는 β-Sitosterol 등이 있다.

이 밖에도 호박의 유리 아미노산과 요소회로에 관여하는 ornithine, citrulline, arginine과 숙취 해소와 관련 있다고 알려진 asparagine(윤선주 등 2002), 가용성 및 불용성 펙틴 등의 생리활성에 관한 연구들을 집중적으로 고찰해 보고자 한다.

1. D-Chiro-inositol

흑종 호박인 야생호박(cucurbita ficifolia)에는 당뇨병 치료에 효과적인 성분이 들어있다고 한다. 2006년 중국 상하이(上海)에 있는 화동사범(華東師範)대학의 샤 타오 박사는 영국의 '식품-농업과학 저널(Journal of Science of Food and Agriculture)'에 야생호박 추출물은 인슐린을 만드는 췌장 베타세포의 재생을 촉진하고, 혈중 인슐린을 높이는 효능이 있다고 발표했다.

streptozotocin으로 당뇨병을 유도한 쥐들에게서 호박 추출물의 혈당 강하 작용 및 호박 추출물의 항산화 작용과 당뇨병 개선효과를 보였다. 만약 이번 시험에서 도출된 결론을 임상에서도 재현하는 데 성공할 경우 호박 추출물이 손상된 췌장세포들의 재생을 촉진하고, 인슐린이 생성되는 췌장 베타세포와 혈중 인슐린 등의 수치를 향상시키는 용도로 널리 사용될 수 있게 될 것으로 보고하였다.

표 2-9 호박씨의 비타민 함량

성분 / 연구자, 연도, 대상호박	비타민 A RE/100g	비타민 B_1 mg/100g	비타민 B_2 mg/100g	니아신 mg/100g	비타민 B_6 mg/100g	비타민 C mg/100g
노숙령 외, 2009년, 늙은 호박 생것	284.65±0.14	0.05±0.00	0.09±0.00	.	.	6.95±1.25

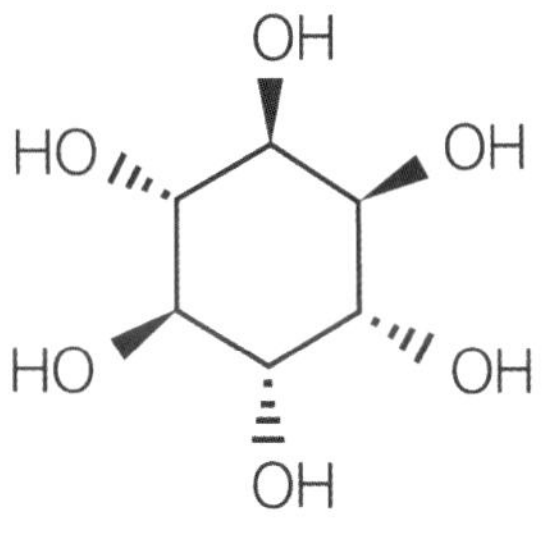

그림 2-1 D-chiro-inositol의 구조

Xia T와 Wang Q(2006)는 스트렙토조토신(streptozotocin)을 투여해 당뇨병을 유발한 당뇨쥐들과 건강한 대조그룹을 각각 2개 그룹으로 무작위 분류한 뒤에 30일 동안 정상적인 사료만 공급하거나, 사료와 함께 호박 추출물을 섭취할 수 있도록 제공하는 방식의 실험을 실시하였다. 실험 결과 호박 추출물을 섭취한 당뇨쥐들의 혈중 인슐린 수치가 건강한 대조그룹에 비해 각각 낮은 수치를 보였다.

호박 추출물이 나타낸 그 같은 효과가 인슐린 활성을 조절하는 물질인 D-키로-이노시톨(D-chiro-inositol)과 각종 항산화 성분들의 작용에 기인한 결과일 것으로 추정했다. 30일 동안 추출물(300, 그리고 600mg/kg/day)의 경구투여 결과로 혈당과 당화 혈색소(HbA1c)가 감소했고, 혈장 인슐린과 총 헤모글로빈은 증가했다.

지난 20년 간의 연구는 인슐린 활성의 중요한 중재물질로서 인슐린의 활동을 조절하는 단백질 분자인 이노시톨 분자, 특히 D-chiro-inositol(D-CI)을 주목하였다(Larner 2001). D-chiro-inositol(D-CI)은 정상인의 혈액과 소변에서 발견되는 물질로 제2형 당뇨쥐나 당뇨환자들의 혈액이나 소변에는 없거나 매우 낮은 농도로 존재한다고 한다. 이는 제2형 당뇨병 환자들이 충분한 D-chiro-inositol(D-CI)을 생산하지 못하므로 인슐린 민감성이 낮음을 보여준다(Larner 2001).

더군다나 합성된 D-chiro-inositol(D-CI)의 급성투여가 쥐에서 혈당을 낮추는 효과가 보고되었는데 스트렙토조토신으로 유발된 당뇨쥐에 위장으로 1회 10mg/kg body wt. 분량을 투여하였을 때 혈당이 30~40% 감소하였다고 하였다(Ortmeyer 등 1993).

Fonteles 등(2000)도 스트렙토조토신으로 유발된 당뇨쥐에 1회 15mg/kg body wt. 분량을 투여하였을 때 120분 내에 증가되었던 혈당이 20% 감소하는 급성 효과를 보고하였다. 이들 연구들은 화학적으로 합성된 1회 D-chiro-inositol(D-CI)을 사용하였는데 새로운 D-chiro-inositol(D-CI)의 천연 소재 추출물이 신약 후보 또는 식이보충제로 당뇨환자에게 관심을 받을 것으로 보고 있다(Xia T와 Wang Q. 2006).

아홉 개의 이노시톨 유도체는 myo-, cis-, allo, epi, muco, neo-, scyllo-와 광학적 이성화물인 D-와 L-chiro-inositol이 있다. Myo-inositol은 매우 일반적으로 발생되는 이성화물인 데 반해 D-chiro-inositol(D-CI)은 천연적으로 드물게 발견된다.

유리 Myo-inositol과 D-chiro-inositol(D-CI)은 소나무, 루핀(lupine, 콩 종류), 앙골라콩(pigeon pea), 대두, 녹두, 이집트콩 또는 병아리콩이라고 불리는 chickpea, buckwheat(메밀)같은 식물과 종자류에서만 발견된다(Horbowiez와 Obendorf 1994, Horbowez 등 1998). Myo-inositol과 D-chiro-inositol(D-CI)이 여러 식물성 식품에서 발견되지만 포유동물체계에서는 두 가지 다른 Inositol Phospho Glycan(IPG) 분자의 구성 물질로 동정되어 왔다.

IPG 분자는 여러 연구들에서 인슐린의 이차 전달물로 추정된다고 하였다. IPG는 인슐린에 반응하여 세포막에서 glycosyl-phosphatidylinositols(PGIs)로부터 유리된다. phospholipase에 의해서 GPI의 가수분해가 이루어지고 IPG는 세포로 들어와서 인슐린 활동에 영향을 주는 효소로서 작용한다.

영국 로열 프리 대학의 데이비드 벤더 박사는 이 연구의 가장 중요한 발견은 호박 추출물이 베타세포의 점진적 파괴를 막을 수 있다는 것이라고 지적하고 다만 이 효과가 당뇨병 환자에게도 나타날지는 미지수라고 말했다. 호박 추출물은 또 주사가 아닌 경구투여가 가능한 약물이 될 수 있다는 것이 커다란 장점이라고 벤더 박사는 덧붙였다.

또한 Andrade-Cetto와 Heinrich M(2005)는 멕시코에서 일반적으로 사용되는 박과 채소(Cucurbita ficifolia Bouché)는 당뇨치료에 효과가 있다고 하였다. Alarcon-Aguilar 등(2002)도 냉동 건조된 흑종 호박(Cucurbita ficifolia Bouché) 과즙의 급성 저혈당 효력을 건강한 쥐와 알록산 당뇨쥐에서 연구하였다.

과즙은 용량의존(dose-dependent) 방법으로 복강 내에 투여하였으며, 흑종 호박(C. ficifolia) 과즙은 건강한 쥐의 혈당을 현저하게 낮췄다. 경구로 투여된 흑종 호박(C. ficifolia) 과즙 또한 미약한 효과이지만 건강한 쥐에서 상당한 혈당치를 감소시켰다.

복강 내로 투여된 야생 호박 과즙은 알록산 당뇨쥐에서 혈당강하 효과를 보여주었다. 게다가, 매일 경구 복용은 치료 14일 후에 현저하게 높은 혈당 감소를 보였다.

Román Ramos 등(1992)도 피하에 당을 투여하여 일시적으로 고혈당을 일으킨 건강한 토끼들과 알록산으로 당뇨가 유도된 중등도 당뇨병(공복 혈당 150~300mg/dL) 토끼들 그리고 알록산으로 당뇨가 유도된 고도 당뇨병(공복 혈당 400mg/dL 이상) 토끼들에게 흑종 호박(Cucurbita ficifolia)을 먹였다.

실험 결과, 호박은 건강한 토끼와 중등도 당뇨병 토끼에서는 경구용 혈당 강하제인 tolbutamide와 유사하게 혈당을 낮추는 효력이 있었으나 고도 당뇨병 토끼에는 아무런 효력도 없었다고 하였다. 따라서 호박이 혈당 강하 효과를 나타내기 위해서는 어느 정도 췌장 기능이나 인슐린이 필요하다고 제안하였다.

Acosta-Patiño 등은 호박(Cucurbita ficifolia)에 열을 가하지 않고 추출하여 중등도 고혈당인 제 2형 당뇨 환자 10명에게 1주간 체중당 4mL/kg의 호박 추출액을 공급했다. 환자들은 실험 24시간 전에 복용하던 약을 끊었다. 예상했던 대로, 음용수 투여 직후에는 혈당에 두드러지는 변화는 관찰되지 않았다.

C. ficifolia의 경구 복용은 12.07+/−1.69 mM(217.2+/−30.4mg/dL)에서 3시간 후 9.42+/−1.96 mM(169.6+/−35.3mg/dL)로 5시간 후 8.37+/−1.74 mM(150.8+/−31.3mg/dL)로 혈당의 현저한 감소가 있었다. Cucurbita ficifolia의 혈당 저하 효과는 이전에 실험동물들에서 관찰된 것과 같았다.

2. Cucurbitacin E

어떤 종류의 호박 중에는 고미물질로 알려진 cucurbitacin(쿠쿠르비타신)류가 존재하는데 이 물질은 호박, 참외, 오이 등의 박과류가 성장하는 과정 중에 수분이 부족하고 온도가 저하될 때 꼭지부분에 축적되는 tetracycle triterpene을 함유하는 물질로 A, B, C, D 등 11종류가 있다.

Cucurbitacin류는 항암성, 항염증성, 항진균제, 해충제거제로 쓰이는 생리활성 물질로서 의약 분야와 천연물 농약소재나 사료 첨가제로서 유용성이 매우 높아 많은 연구자들의 관심을 모아온 물질이다.

특히 cucurbitacin류는 낮은 농도에서 전립선암에 강한 생리활성을 가지고 있고 다른 항암제에 비하여 부작용이 없는 물질로 알려져 있으나 합성이 불가능하고 식물체를 재배하여 생산한다고 하더라도 식물체 중의 함량이 낮고 대량 생산이 어려워서 그 이용이 제한되어 왔다.

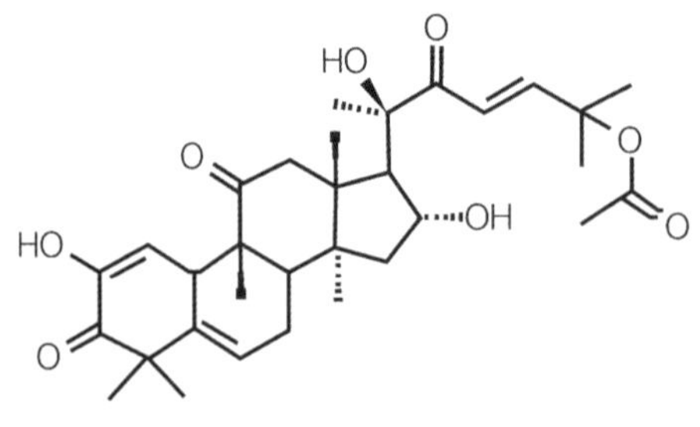

그림 2-2 cucurbitacin E의 구조

Cucurbitacin류에 대한 연구들을 살펴보면 다음과 같다.

① 1985년 Terrence와 Mark가 호박의 고미성분은 cucurbitacin E glycoside라고 명명하였으며, 쥬키니 호박에서도 열악한 환경, 즉 높은 온도에서 수분과 영양분이 부족할 때 600mg/kg으로 축적되며 1mg/kg의 농도에서도 쓴맛을 느낄 수 있다고 하였다.

② Cucurbitacin류는 구토를 일으키고 특이한 세포파괴성을 가지고 있지만 신장암과 뇌암 등에 대한 항암성을 가지고 있다(Cardellina 1990).

③ Cucurbitacin E는 전립선암 세포의 증식을 억제하고 actin과 vimentin의 세포골격구조를 붕괴하게 한다(Kimberly 등 1996, Duncan과 Duncan 1997).

④ 작물의 흑사병이나 곤충으로부터의 피해를 줄여주는 물질로도 사용되고 있다(Miro 1995).

⑤ 사하라 지방의 허브잎에서 cucurbitacin류를 추출하여 4개의 유사구조를 가진 화합물을 분리・동정하였다(Dulcie 1997).

⑥ 박을 세포배양하며 cucurbitacin의 생성 정도를 정량하고 대량생산을 위한 배양조건을 검토하여 2-4D, Kinetin, 인산염을 배지에 첨가할 때 축적량이 높아졌다고 보고하였다(Fathi 1998).

⑦ Cucurbitacin I와 Q가 특이적으로 인산화 과정을 저해하여 암세포의 활성을 억제하였다고 보고하였다(Blaskovich 2003).

⑧ 옥수수 재배 시에 cucurbitacin을 해충제제로 사용하면 옥수수의 수확량을 높이고 안전한 생물농약으로 이용할 수 있음을 보고하였다(Raloff, 1999).

⑨ cucurbitacin B가 항염증제로서 활성이 높음을 보고하였다 (Peter 등 1999).

⑩ 국내에서도 호박종실의 이용성을 증대시키기 위해 호박종실에서 발아과정 중의 고미성분을 분석하고, 성분을 분리(220mg/Kg) · 정제하며 구조를 분석하였다. 발아과정에서 호박씨에 존재하지 않던 고미물질이 발생하였고 그 물질을 분석한 결과는 분자량 557인 cucurbitacin E로 확인하였다. 생체 외 실험에서 cucurbitacin E는 항염증성을 보였으며 A549 암세포의 증식 및 생존율에도 영향을 주어 100 또는 1,000nM 농도로 24시간, 48시간 처리 시에 약 20~28%, 56~58%의 A549 암세포의 증식을 억제하였고, 100nM의 cucurbitacin E를 24시간 및 48시간 처리 시에 약 60%, 88%의 A549 세포 생존율이 감소하였다(심후성 등 2008).

3. The protein-bound polysaccharide from pumpkin fruits: PBPP

다당류는 단당류 20개 이상이 결합한 물질이다. 식물 다당류, 동물 다당류, 미생물 다당류가 있다. 천연 물질로부터 300가지 이상의 다당류가 분리되었다. 그리고 1960년대부터 항염증, 항암, 혈당 저하작용 그리고 혈중 지질 저하작용 등의 생리활성을 갖는 다당류 물질이 발견되었다(Quanhong 등 2005).

호박에 함유된 단백결합 다당류(The protein-bound polysaccharide from pumpkin fruits :PBPP)는 혈액 내의 인슐린 수준을 올린다.

중국의 Quanhong 등(2005)은 호박에 함유된 단백결합 다당류(The protein-bound polysaccharide from pumpkin fruits : PBPP)가 당뇨쥐에서 농도에 의존해서 혈당을 저하시키는 효과를 보였다고 하였다.

그들은 호박에서 혈당을 낮추는 물질을 조사하기 위하여, 호박 열매의 수용성 물질에서 주로 다당류(41.21%)와 단백질(10.13%)로 이루어져 있는 단백결합 다당류(protein-bound polysaccharide)를 분리했다.

알록산 당뇨쥐의 혈청 인슐린 수준에 대한 효과를 평가한 결과 PBPP가 혈청 인슐린의 수준을 증가시키고, 혈액 포도당 수준을 감소시키며 따라서 포도당의 내성을 개선할 수 있다는 것을 보여주었다.

혈압을 낮추는 효력은 다량 PBPP 보충군(1000 mg/kg : 체중당 1000 mg 보충)이 소량 PBPP 보충군(500 mg/kg : 체중당 500 mg 보충)과 혈압강하제 보충군보다 탁월한 효과를 나타냈다. 결론적으로 호박과즙(PBPP)의 혈압을 낮추는 효력은 복용량에 의존하며 PBPP가 새로운 혈압강하제로 발전될 가능성을 가지고 있다고 하였다.

또한 2003년 Jia 등도 다당류를 함유하고 있는 약초들은 췌장 조직의 기능을 복구하고, 기능적인 beta 세포에 의해 인슐린 배출의 증가를 일으키는 원인을 치료하는 혈당강하제라고 하였다. 다른 성분이 미세 혈관을 강화하는 동안, 인슐린의 가용성 증가와 인슐린에 의존하는 과정에 있는 물질 대사를 촉진시킨다.

그리고 현저하게 혈당 포도당 수치를 낮추는 효력이 있고 이 약물의 장기간 사용은 당뇨병 원인에 의해 일어나는 만성 질병과 합병증에 효과적일 수 있다. 게다가 화학약제나 인슐린과 같은 보통의 약 치료와 함께 이 천연약제를 사용하면 약물 복용량과 투여 빈도를 줄이며, 일반적으로 관찰된 부작용을 줄이는 데 도움이 된다고 하였다.

Nkosi 등(2006)도 호박씨에서 분리한 단백질 투여가 항산화 효과와 단백질 영양실조 및 acetaminophen 중독 완화에 효과가 있다고 하였다.

Yang 등(2007)은 호박에 함유되어 있는 산성다당류를 분해하여 단당류의 구성을 분석한 결과 glucose(21.7%)와 glucuronic acid(18.9%)가 주된 단당류였고, 그 다음으로 galactose(11.5%), arabinose(9.8%), xylose(4.4%) 그리고 rhamnose(2.8%)가 있는 것으로 나타났다.

호박 다당류는 과산화수소수(H_2O_2)로 인해 나타나는 세포의 생활력 감소와 지질 과산화 지표(malondialdehyde)의 생성 등을 효과적으로 저해할 뿐만 아니라 과산화수소수(H_2O_2)로 인해 나타나는 superoxide dismutase 활성도 감소를 지연하는 효과 등으로 세포를 보호하는 효과와 항산화 활성을 나타내었다고 하였다.

알코올 불용성 다당류란 인체 내에서 소화되지 않으나 유익한 생리기능을 나타내는 펙틴이나 셀룰로오스 등의 섬유소 성분을 말한다. 호박의 비가식 부위로 알려진 껍질에 함유된 섬유소 성분이 당뇨와 비만 등 질환에서 기능성을 보일 것으로 제시하였다.

국내에서 호박의 과피에 함유된 알코올 불용성 다당류를 분리하여 특성을 연구한 전현일(2003)의 연구에서 호박에 함유된 다당류는 포도당의 흡수를 늦추는 효과뿐만 아니라 장내의 유해균을 억제하고 유익균의 성장을 촉진하는 기능이 있는 것으로 보고하였다.

4. β-Sitosterol

종자류와 콩류의 기름 함량은 강낭콩(0.9 %w/w)부터 호박씨(42.3 %w/w)까지 다양한데 대부분의 지방은 불포화 지방산이다. 종자류와 콩류뿐만 아니라 곡류도 모두 Phytosterol의 풍부한 급원이다. 게다가 squalene과 tocopherol도 포함하고 있다고 한다.

β-Sitosterol, campesterol 그리고 stigmasterol을 포함하는 phytosterol은 호박씨(33.3mg/100g)부터 참깨씨(202mg/100g)까지 그 함유량이 다양한데 그 중 β-Sitosterol은 호박 24.9mg/100g부터 완두콩 191.4mg/100g으로 농도가 다양하다(Ryan E 등 2007).

Philips 등은 호박씨가 β-Sitosterol을 13.1mg/100g을 포함하고 있다고 하였다. 또한 호박씨의 phytosterols 중 90% 이상이 β-Sitosterol로 구성되어 있다고 했다.

phytosterol은 식물 세포막을 구성하는 천연 성분으로(Weihrauch JL과 Gardner JM 1978) 항염증과 항산화 그리고 항암 기능을 포함하는 생리기능을 갖는 것으로 보고되고 있다(de Jong N 등 2003, Berger A 등 2004). 식물 스테롤들은 장에서 콜레스테롤의 흡수를 저해하여 총 혈장 콜레스테롤과 LDL – 콜레스테롤을 낮춘다(de Jong N 등 2003)는 등 phytosterol의 콜레스테롤 저하 효과에 관한 연구보고가 있다.

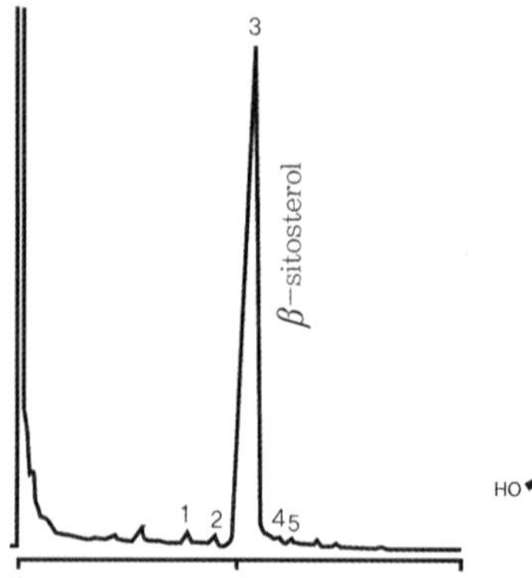

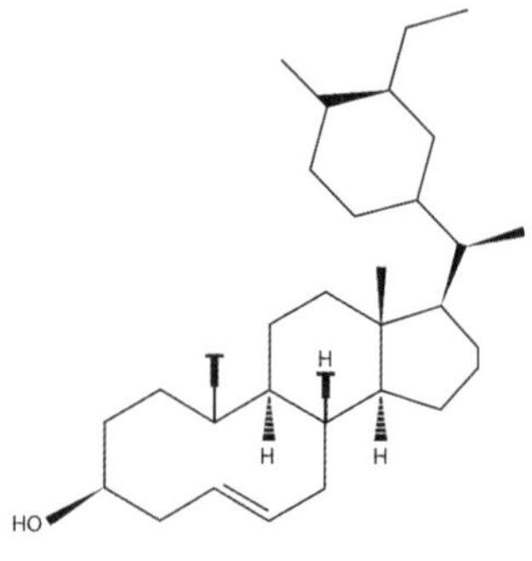

그림 2-3 β-Sitosterol

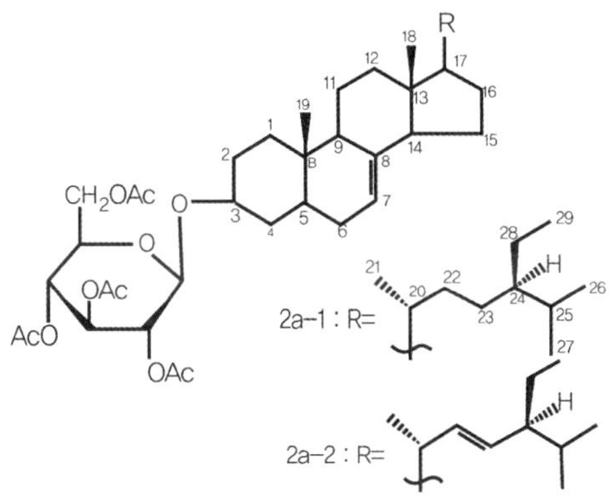

그림 2-4 호박(Cucurbita moschata)잎에서 분리한 스테롤 배당체의 구조

호박씨 추출물의 지질 성분분석 결과에서 검출된 β-Sitosterol은 전립선암의 세포사멸을 유도하며, 과증식한 전립선 세포의 수를 감소하게 하는 것으로 조사되었다고 한다.

국내에서도 호박씨 추출물을 1년 동안 장기간 복용한 중년 남성의 지질과 체중 변화 및 전립선 증산 개선에 관한 연구에서 별다른 부작용이 관찰되지 않았으며, 지질 대사 및 혈압 변화가 없었고 전립선 질환 증상 개선 효과가 나타나 기능성 식품 개발에 관한 연구가 진행 중이다(김천수, 2008).

최근 호박잎에서 추출한 스테롤 배당체를 보고하였는데 호박씨의 스테롤과 비슷하다고 한다.

5. 알파 및 베타 Carotene(카로틴)

호박은 무더위에 노출되어 있어도 죽지 않고 잘 자라는데 이는 호박에 있는 카로틴 성분 때문이다(김종열 2005).

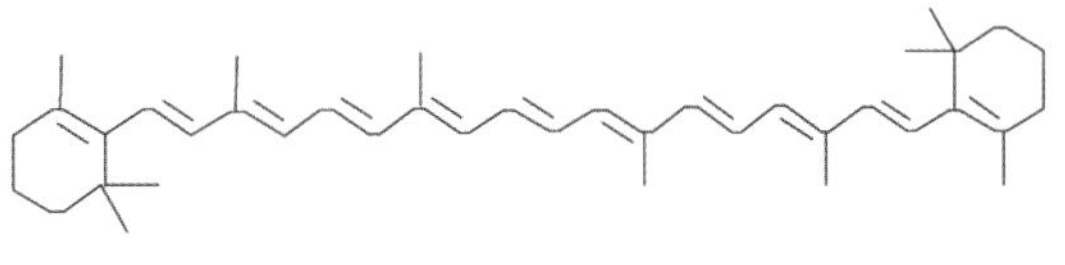

그림 2-5 베타 카로틴의 구조

카로틴은 비타민 A로 변하는 물질로 담색은 2.0 mg%, 진한 황색은 6.7 mg%나 가지고 있다(한귀정 2004). 특히 호박의 베타카로틴은 체내의 면역 효과를 증강시키고 유해활성 산소를 소거하는 기능 및 각종 암의 저해인자로 잘 알려져 있다(김혜경과 최식 1992, Nishino 1998).

호박은 천연색소인 황색의 카로틴계 화합물의 함량이 매우 높은데 이러한 카로틴계의 색소로는 카로틴, 라이코펜, 루테인 등의 색소가 있다. 이들 천연색소는 여러 가지 가공식품의 첨가물의 역할뿐만 아니라 특히 비타민 A의 효력을 나타내는 베타카로틴은 다양한 약리효과가 있는 것으로 보고되고 있다.

호박의 카로티노이드 함량은 부위에 따라 큰 차이가 있는데 내부 씨앗 주변의 섬유상 물질에는 베타카로틴이 전체 카로티노이드의 87 %가 있으며(강남준 2004), 2000년 석호문의 연구에서는 섬유상 부위에 64.5 %로 과육(6.61 %)부위와 과피(3.31 %)에는 그 함량이 상대적으로 낮다.

호박의 껍질과 과육 부위의 카로틴은 베타카로틴과 알파 카로틴이 주된 성분으로 각각 유사한 조성비로 포함되었으며, 전체 카로티노이드 함량의 67 ~ 96%를 차지하고 있다.

베타카로틴은 매우 안전한 물질로 알려졌으며, 지용성이므로 기름과 함께 조리하면 체내 흡수율을 높일 수 있다. 베타카로틴의 장점은 간에 저장되지 않고 지방조직에 저장되어 독성이 나타나지 않는다는 것이다.

또한 항암효과 및 항산화기능이 있다고 한다. 황색 호박은 당근과 고구마와 함께 폐암을 방지해주는 채소인데 이들 채소를 적게 먹는 사람은 많이 먹는 사람보다 폐암에 걸릴 위험이 두 배로 증가한다고 한다. 그러나 그 차이는 하루 반 컵 정도밖에 안 되는 적은 양이라고 하였다(강남준 2004).

호박에는 비타민 A의 효력이 있는 Xanthophyl이 2~12mg%나 함유되어 있어 점막을 튼튼하게 하며 감기에 대한 저항력을 길러준다. 동지에 호박을 먹는 이유도 이러한 이유 때문이라고 한다. 같은 이유로 몸을 따뜻하게 하므로 냉증이 있는 사람에게도 아주 좋다(한귀정 2004).

최창본 등(2002)의 연구에 의하면 호박 추출액을 냉동 건조한 호박분말은 흰쥐에서 인위적으로 유발한 위암과 유선암을 효과적으로 억제하는데 이와 관련된 약리성분을 가질 것으로 주목되는 성분은 카로티노이드로 늙은 호박의 부위 중 내부의 섬유상 부분에 특히 많은 양 함유되어 있다고 하였다.

카로티노이드는 유선암과 위암 이외에도 대장암, 췌장암, 폐암 등의 다양한 암에 예방효과가 있다고 보고되고 있으며, 이외에도 호박의 카로티노이드나 베타카로틴은 노화를 방지하고 심장이나 순환기의 질병과 백내장, 당뇨병 등에 좋은 효과가 있다는 보고도 있다(심길순 1993, Borenstein B & Bunnell RH 1966).

안봉전 등(2004)의 연구에서는 호박의 열수 추출물이 각종 암세포의 세정작용, 크산틴 옥시다아제 억제, 티로시나아제 억제, 세포독성 실험 결과 전자공여기능은 에탄올 농축액에 비해 500 ppm의 농도에서 60 % 이상으로 나타남으로써 높은 자유 라디칼 소거 기능으로 항산화 효과를 나타내어 암세포 증식을 억제한다고 하였다.

특히, 피부암세포(G361)에 대하여 50ppm의 농도에서 30% 이상의 높은 저해율을 보였다. 이는 호박의 물 추출물이 화장품과 식품제조에 생물학적 기능을 가진 천연 성분으로 이용될 수 있음을 나타내었다.

항산화 효과가 제기되고 있는 β-carotene을 다량 함유한 재래종 호박분말을 식이에 첨가하여 streptozotocin(45mg/kg B.W.)으로 당뇨를 유발시킨 당뇨쥐에게 공급한 후 지질대사 및 혈관계 합병증에 미치는 영향을 관찰하였다. 당뇨군에 호박분말을 보충함으로써 혈당강하 작용과 함께 GPT 활성이 감소하였고 간조직에서의 비타민 A 함량의 증가와 SOD활성의 증가가 관찰되었다.

또한 간조직의 지질과산화물 함량이 당뇨로 인해 증가한 경우, 호박분말의 첨가로 인해 감소되었다. 혈장에서의 알파 tocopherol 함량도 비슷한 경향으

호박 착즙기

호박 착즙 후 찌꺼기

로 당뇨군에서 감소하였으며, 호박분말의 첨가로 증가하였다.

따라서 산화적 스트레스에 감수성이 높은 당뇨병 환자에게 호박을 이용한 식단을 제공함으로써 혈당조절 및 항산화 효과를 기대한다고 하였다(정윤미 2004).

Miglio 등(2008)은 당근, 브로콜리, 호박 등의 채소에서 끓이기, 찌기, 튀기기 요리법에 따른 카로티노이드 등의 항산화물질 함량의 변화를 조사하였다. 물을 사용한 요리는 항산화 물질들, 특히 카로티노이드를 더 잘 보존하는 경향이었고, 당근과 호박에서는 비타민 C를 잘 보존하였다.

끓인 야채는 변색이 덜 된 반면, 찐 야채는 끓인 야채보다는 질감을 유지했다. 또한 튀긴 야채는 비록 항산화 물질은 적게 유지되었지만 연화정도는 가장 낮았다.

결론적으로 가공한 야채는 영양가가 떨어지므로 각 야채의 영양과 물리·화학적인 질의 보존을 위하여 알맞은 요리 방법이 적용되어야 함을 제안하였다.

늙은 호박의 껍질, 과육, 섬유소 등 부위별 총 페놀, 플라보노이드, 카로티노이드 함량은 표 2-10에서 보는 바와 같다. 과육보다 섬유소 부분에서 각 성분의 함량이 높았다.

표 2-10 늙은 호박의 부위별 총 페놀, 플라보노이드, 카로티노이드 함량

(동결 건조, mg/100g)

부위 \ 성분	총 페놀	총 플라보노이드	총 카로티노이드
껍질	185.0±10.72	81.5±3.56	2.75±0.12
과육	243.3±12.52	38.7±4.45	23.15±1.23
섬유소	379.8± 9.76	67.9±9.78	43.71±1.46

6. 유리 아미노산

호박의 유리 아미노산은 부위에 따라 조성과 함량이 상이하여 과육은 serine이 102.0mg%로 전체 유리 아미노산의 45%를 차지하였고 섬유상 부위는 aspartic acid가 241.0mg%로 70%를 차지하였다.

총 유리 아미노산 함량은 섬유상 부위가 훨씬 높았다. 총 아미노산 함량은 호박의 부위에 상관없이 aspartic acid, glutamic acid의 순으로 그 함량이 높았다.

호박에는 품종 간 3~8배 정도로 함량의 차이는 보이나 오르니틴 회로에 관여하는 기능성 물질인 ornithine(1.26~3.82ug/g.FW), citrulline(1.13~5.8 ug/g.FW), 그리고 arginine(8.65~58.68ug/g.FW)을 함유하고 있다고 하였다. 김창민(1997)도 호박에는 citrullin, arginine, asparagine, adenine, carotene 등이 포함되어 있어서 유익하다고 하였다.

7. 비타민 C

비타민 C도 20 mg%나 되며 저장성도 있다. 또한 껍질 부분에는 ascorbic acid 산화효소가 있어서 비타민 C의 파괴가 생길 수 있으나 열에 약하여 조리 시 불활성화된다(한귀정 2004).

8. 가용성 및 불용성 펙틴

호박에 함유된 물에 녹는 식이섬유인 펙틴은 담석증 예방에 좋다고 한다(한귀정 2004). 펙틴의 함유량은 총 펙틴 1092~2998mg/100g, 수용성 pectin 307~569mg/100g, CDTA 가용성 pectin 24~113mg/100g, Na_2CO_3 가용성 pectin 86~169mg/100g, 불용성 pectin 257~514mg/100g으로 품종 간 차이가 있지만 모든 품종에 존재하는 것으로 나타났다(윤선주 등 2002).

9. Linoleic acid

호박씨를 구성하고 있는 지방산은 linoleic acid, palmitic acid, oleic acid 및 stearic acid로 이 중 불포화 지방산인 linoleic acid가 60% 이상으로 많이 포함되어 있었다(석호문 2000). 호박씨에 함유되어 있는 Linoleic acid 성분으로 동맥경화를 예방하는 작용이 있다.

10. 유리당

최근 건강식품 내지 다이어트용으로 소화흡수가 잘되는 당질이 포함된 밤호박의 소비량이 증가하는 추세이다(김종열. 2005). 그중 유리당은 fructose, glucose, sucrose로 구성되어 있다. 그러나 과육의 경우는 fructose와 glucose가 전체 유리당의 87 %를 차지하는 반면 내부 섬유상 물질은 sucrose가 가장 높았고 총 유리당 함량은 과육 부위가 섬유상보다 3배 높았다(석호문 1990).

11. Asparagine

윤선주 등(2002)은 숙취해소 작용과 연관이 많은 것으로 알려진 asparagine (38.5 ~ 168.1ug/g)도 품종 간 차이는 있으나 모든 품종의 호박에 있는 것으로 보고하였다.

12. Terpene류 화합물

항암 등의 생리활성 작용으로 새롭게 각광을 받는 물질인 테르펜류는 인삼이나 레몬 등에 다량 함유되어 있는 물질이다. Marie-Magdeleine 등(2008)은 호박씨를 물, 메탄올, 디클로로메탄을 사용해 추출하여 반추류의 위에서 기생하는 선충(염전위충, Haemonchus contortus)의 발달 단계에 미치는 효과를 생체 외 분석실험을 실시하여 연구하였다.

부화 분석실험과 이동 금지 분석실험에서는 영향을 미치지 않았으나 애벌레 발달 분석실험에서는 각 추출물의 시험관에서 90 % 생장 억제효과를, 성충의 운동성 분석실험에서는 디클로로메탄과 메탄올 대조 표본 추출물 배양관에서 24시간 후에 59.2 %의 억제효과를 나타냈다.

따라서 호박씨는 염전위충(H. contortus)에 대한 구충제 기능을 하는데 이러한 활성 원리는 장의 건강에 도움이 될 수 있는 물질이 호박 추출물에 존재하는 아미노산 화합물이나 테르펜류 화합물과 같은 이차 대사산물이 효과를 나타내는 성분이 될 수 있다고 하였다.

13. phenol성 화합물

천연 항산화제의 대부분은 식물체의 나무, 뿌리, 줄기, 잎 등에 존재하는 폴리페놀 물질로 알려져 있다(유미애 등 2004). 특히 호박 중에 함유된 페놀 및 플라보노이드계 성분은 항산화, 항암 등의 기능성을 가진 특이한 성분으로 동결 건조한 제주산 호박 효소추출물의 항산화 활성을 분석하였을 때에 호박 종류별로 함량이 달랐다(김재환 2008).

애호박의 효소 추출물에서 늙은 호박과 단호박에 비해 총 phenol성 화합물 함량이 높았다. 항산화 활성에서는 DPPH(1,1-diphenyl-2-picryl-hydrazyl) 유리기 소거활성에서도 애호박의 효소 추출물이 늙은 호박과 단호박에 비하여 매우 효과적이었다.

Superoxise anion 소거활성은 늙은 호박 및 단호박 분말의 모든 효소 추출과 애호박의 Viscozyme 추출물이 활성적이었다. 늙은 호박의 경우 총 폴리페놀 함량은 섬유상 부위에 가장 많아서 전체의 47% 이상을 함유하였으며 과육 부위와 껍질 부위 순이었다고 하였다(장상문 등 2001).

따라서 호박의 효소 추출물들은 항산화 활성을 어느 정도 기대할 수 있으므로 식품의 항산화 효과를 나타내는 기능성 식품소재로 이용될 수 있을 것이다.

14. Pathogenesis-related(PR)-5 단백질

Cheong NE 등(1997)은 호박잎에서 항균작용이 있는 PR-5 단백을 정제하였는데 단백질의 삼차 구조에 있는 몇몇 일반적인 epitopes(항원결정기)를 공유하여 200 nM보다 더 농축된 것에서 붉은빵곰팡이(*Neurospora crassa*)의 균사 끝이 급격히 용해되었고, 2 microM보다 더 농축된 한천 원판에서 *Fusarium oxysporum* 진균의 성장이 현저하게 억제되었다.

그 밖에도 호박에 있는 바이러스와 발암물질 억제작용을 하는 물질은 trypsin inhibitor의 일부로서 장관 내에서 바이러스와 발암물질의 활성을 방해한다고 한다.

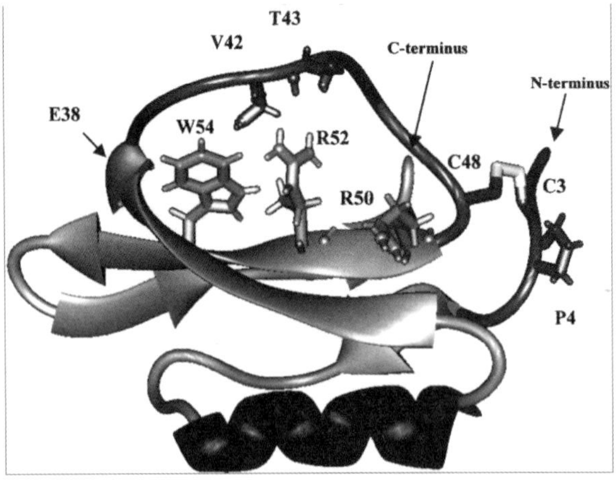

그림 2-6 Trypsin inhibitor

또한 토양의 영양소 함유량에 따라서도 호박잎의 항산화 효소의 함량이 달라서 식물에서 마그네슘의 부족(7μM)은 마그네슘이 충분(1000μM)한 영양액에서 재배(11일간)한 경우보다 유독한 산소종과 효소 제거에 대한 자극적인 효과를 나타냈다(김병철, 이증주 1997).

마그네슘이 부족하게 재배된 호박잎은 마그네슘, 클로로필, 단백질의 함량이 유의하게 감소한 반면 항산화 효소인 superoxide radical(O_2), and ascorbate peroxidase(AP), H_2O_2 scavenging enzyme, and glutathione reductase(GR)가 마그네슘이 충분한 상태에서 재배한 경우보다 많이 증가하였다.

호박의 과육에는 단백질이 14.0∼15.20% 가량 함유되어 있는데 15가지의 아미노산이 확인되었고 이들 중 aspartamic acid, tyrosine, histidine, arginine 등은 숙성함에 따라 증가하는 경향을 보인다고 하였다(조규성 1997).

2003년 김천수의 연구에서는 호박씨의 경우 구성물질의 30∼51 %가 지방(주요 지방산은 리놀레익산 43∼55 %과 올레익산 27∼38 %)이며 나머지 31∼51 %는 단백질이고, 탄수화물이 6∼8 %, 무기질이 4∼5 %로 구성되어 있다고 한다.

15. 기타 자료

발아에 따라서도 호박씨의 성분 변화가 나타났다. Giami 등(1999)은 아프리카에서 중요한 채소인 호박의 씨를 7일 동안 발아시켰을 때 호박(Telfairia occidentalis)씨의 발아가 진행됨에 따라 비단백질 질소는 점차적으로 증가했으나 단백질 질소 함량은 감소했다고 했다.

알부민과 글로불린은 호박씨의 중요한 단백질로 발아되지 않은 씨 총 단백질의 58.6% 정도를 구성하고 있는 것이 발견되었다. 단백질 부분에서 프롤라민은 54.6% 감소가 되는 동안 알부민과 글루텔린은 각각 61.5%와 57.0%로 증가하는 것이 관찰되었다. 글로불린은 발아가 시작되는 시점에 증가했지만 발아 마지막에 감소했다.

발아는 유의하게 ($p < 0.05$) 천연 단백질, 질소 가용성 및 생체 외 단백질 소화성은 증가시키지만 지방은 감소시킨다. 이 밖에도 피틴산과 폴리페놀이 호박씨의 성분이다.

조리에 따라서도 호박성분 변화가 나타났다(Lyimo 등 1991). 가공 방법에 따른 단백질, 지방과 비타민의 손실을 분석한 결과 호박의 가공 및 보관과 저장은 현저한 영양 손실의 원인이 되고, 영양 상태에 영향을 미칠 수 있다는 결과가 나타났다. 호박은 50분 동안 조리했을 때 단백질 및 지방과 비타민의 손실이 일어났다.

호박씨를 이용한 가공품

저장 방법에 따라서도 비타민의 손실이 있었는데, 돗자리에 호박을 태양으로 건조했을 때에 비타민 A의 38.0%의 손상이 있었다. 6주 동안 냉비에 보관했을 때도 비타민 C의 손상이 나타났다.

인디아의 생화학 영양학과(2008)에서는 뚜껑을 열고 호박을 가열하는 경우 라임주스의 항산화 효과는 일반적으로 다른 식품보다는 더 뚜렷했다. 심황은 특히 가열할 때 실험한 야채 모두에서 베타카로틴의 용출이 증가하였다. 양파는 가압조리(pressure-cooked)된 당근 및 비름 잎과 팬에 가열한 호박 및 호로파 잎에서 베타카로틴의 용출을 증가시켰다.

라임주스와 산화 방지제 향신료인 심황과 양파는 야채의 열 가공 도중 베타카로틴의 손실을 극소화했다. 산화를 억제하는 향신료의 경우에 야채에 열을 가하는 동안 베타카로틴의 이용률을 높였으며 프로비타민의 손실을 극소화했다.

따라서 식품 내 산성화제(라임주스 또는 망고 분말)와 항산화 향미료(심황 또는 양파)는 식물 원료에서 최대로 베타카로틴을 추출할 수 있다는 것을 증명했다. 호박 조리 시 양파와 심황, 라임주스 등의 사용은 베타카로틴의 손실을 최소화할 수도 있을 것으로 보인다.

호박 제품의 저장 기간에 따라서도 차이가 나타나 한명주와 이영경(1993)은 호박을 함유한 건강 요구르트의 저장 기간에 따른 항산화 효과에 차이를 나타냈다고 하였다.

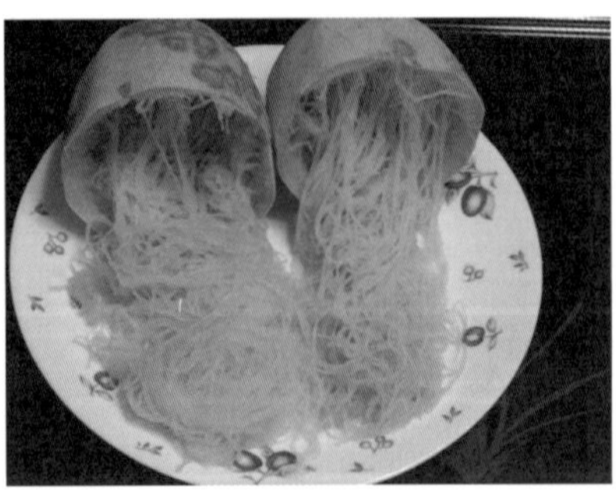

찜통에 찐 국수호박

가공용 호박유통

100mL 우유에 호박 15, 20, 25g과 설탕 5, 6, 7g을 첨가하였을 때에 말론디알데하이드(MDA) 함량은 우유만으로 제조한 요구르트의 경우 저장 기간에 따라 유의적으로 영향을 받았다. 0, 4, 8, 13일 저장했을 때에 13일 저장한 호박과 설탕 요구르트의 경우는 항산화 효과를 나타내었다고 하였다.

또한 오봉윤과 박복희(1998)는 호박즙의 항산화 효과를 검토하기 위해 호박즙 성분을 카로티노이드 혼합용매(carotenoid + n-bexane:acetone(1:1))와 멜라노이딘 혼합용매(melanoidine + methanol:water(7:3))로 추출해 유지의 산패정도를 나타내는 지표인 과산화물가(Peroxide Value: P.O.V)와 티비에이(Thiobarbituric acid, T.B.A.)가를 분석하여 실험한 결과 두 추출액 모두 지질의 산화를 효과적으로 억제하였다고 하였다.

꽁치 통조림 산화 실험에서도 호박즙을 첨가한 경우는 꽁치 통조림 지방질의 산화를 다소 지연시키는 항산화성이 나타났고 양파, 생강, 대추 및 구기자의 순으로 부재료가 첨가된 호박즙이 부재료가 첨가되지 않은 호박즙보다 더 높은 항산화 효과를 나타냈다고 한다.

2-3 각종 질환에 대한 호박의 효능에 관한 연구 및 정보

호박 중에 아직 익지 않은 호박의 어린 열매를 애호박, 익어서 잘 굳은 호박을 청둥호박, 보기에 예쁜 호박을 화초 호박이라고 하는데 어느 것이든 다 약효가 있다(신재용 2008). 호박의 인체 각종 질환에 대한 기능성에 관한 문헌들을 살펴보면 다음과 같다.

1. 간질환

아세트아미노펜으로 간 손상이 유도된 쥐에서 호박잎 폴리페놀 추출물이 항산화 작용으로 간을 보호하는 것으로 나타났다. 생체 외 실험에서도 유리수용성 폴리페놀이 함유된 채소는 결합상태의 폴리페놀보다 항산화 작용 및 자유라디칼 제거능이 높게 측정되었다(Nwanna EE와 Oboh G 2007).

또한 Nkosi 등(2005)도 저단백식을 급여한 쥐에게 사염화탄소로 간 손상을 일으킨 후 호박(Cucurbita pepo)씨 단백질 추출물을 공급하였을 때 lactate dehydrogenase (LD), alanine transaminase (ALT), aspartate transaminase (AST)와 alkaline phosphatase (ALP)의 활성 수준에 미치는 효과를 수컷 흰쥐(Sprague-Dawley rats)에게서 알아보았다.

5일간의 저단백식이 급여 후에 3군으로 나누어 두 군에게는 사염화탄소(CCl_4)를 주사하고 다른 군은 동량의 올리브유를 주사하였다. 사염화탄소 주사 2시간 후에 그중 한 그룹에 호박씨 단백 추출물을 공급하고 조사기간 동안 저단백식이를 공급하였다. 각 군의 일부 쥐들을 24시간, 48시간, 72시간에 희생시켰다.

저단백식이를 섭취시킨 5일 후 모든 효소들의 활성 수준이 정상 식이를 했을 때보다 유의적으로 높았다. 또한 사염화탄소 독성화 후에도 네 효소의 활성화 수준이 유의적으로 증가하였다.

사염화탄소 독성화 후 호박씨 단백 추출물을 투여했을 때 단백질 영양불량과 관련된 증상을 완화시키는 데 효과적이었다. 따라서 호박씨 단백질 추출물은 급성 간손상에 해독 효과를 보였다고 하였다.

Nkosi 등(2006)의 다른 연구에서는 호박씨 분리 단백의 투여가 항산화 효과와 함께 단백질 영양실조 및 acetaminophen 중독 완화에도 효과가 있다고 하였다.

호박씨는 필수아미노산인 메티오닌이 많으므로 간을 보호하는 작용을 한다(윤형권 2004). 선천적으로 간기능이 좋았으나 후천적 요인에 의해 간기능에 손상받을 우려가 많은 태음인에게 좋다고 한다(신재용 2008).

Reference

김천수(2003): 호박씨 기름으로부터 Sterol 成分들의 分析에 관한 硏究 서울산업 대학교 석사학위논문

신재용(2008): 체질음식 동의보감(체질에 따라 치료효과 100% 높이는) 81p. 웰빙플러스

윤형권 편집(2004): 숨어있는 채소 과일의 매력. 농촌 진흥청 원예연구소

Nwanna EE, Oboh G(2007): Antioxidant and hepatoprotective properties of polyphenol extracts from Telfairia occidentalis (fluted pumpkin) leaves on acetaminophen induced liver damage. Pak J Biol Sci.10(16):2682-7.

Nkosi CZ, Opoku AR, Terblanche SE(2005): Effect of pumpkin seed (Cucurbita pepo) protein isolate on the activity levels of certain plasma enzymes in CCl4-induced liver injury in low-protein fed rats. Phytother Res.19(4):341-5.

Nkosi CZ, Opoku AR, Terblanche SE(2006): In Vitro antioxidative activity of pumpkin seed (Cucurbita pepo) protein isolate and its In Vivo effect on alanine transaminase and aspartate transaminase in acetaminophen-induced liver injury in low protein fed rats. Phytother Res.20(9):780-3.

2. 고지혈증

늙은 호박 추출액을 냉동 건조하여 고지방 및 고식염식이의 5 % 수준으로 첨가하고 체중 약 200 g의 흰쥐에게 4주 동안 섭취시켰을 때 혈중 지질 수준에 영향을 미치는 것으로 나타났다(이성현 등 1999).

쥐의 혈중 중성지방 및 총콜레스테롤 수준이 감소하고, 지방조직의 총 지질 및 총 콜레스테롤 함량과 간 조직 중 중성지방 및 총 콜레스테롤 함량도 늙은 호박 추출물 섭취군에서 대조군보다 낮고, 변으로의 중성지방 배설량도 높게 나타났다. 결과적으로 호박 추출물의 섭취는 체내의 지질대사를 개선하는 것으로 나타났다.

호박씨는 불포화지방산이 풍부해 동맥경화 예방에 좋다. 호박의 트리고넬린(trigonellin)이라는 성분과 비타민 무기질 등은 혈청 콜레스테롤을 낮춘다고 하였다(윤형권 2004).

임종필(2001)은 민간약으로 사용되는 당호박의 물 추출물이 고지혈증에 미치는 영향에 대하여 흰쥐에게 실험한 결과, 고지방식이에 의해 상승된 혈중 콜레스테롤과 중성지방의 함량을 각각 20.1%와 35.3% 낮춘 반면에 HDL-cholesterol의 함량을 43.1% 증대함으로 고지혈증에 대하여 유의성 있는 억제 효과를 나타내어 당호박 물 추출물은 고지혈증의 치료에 대한 약용 가치가 충분하다고 하였다.

Gossell-Williams(2008)는 난소가 절제된 쥐와 절제되지 않은 쥐에게 호박씨유를 12주 동안 매주 5일(옥수수기름 40mg/kg 또는 호박씨 기름 40mg/kg) 보충에 따른 고지혈증 억제 효과를 실험했다. 호박씨유를 보충한 군은 옥수수기름을 보충한 대조군보다 총 콜레스테롤, LDL-콜레스테롤, 중성지방은 더 낮았으나 HDL-C는 더 높아서 호박씨유의 보충은 고지혈증을 예방하는 효과가 있을 것으로 보고하였다.

Adaramoye 등은 2007년에 아프리카 호박의 일종인 T. occidentalis가 체내산화스트레스 및 콜레스테롤 수준을 감소시키는 것을 통해 고지혈증 치료효과를 보고자 쥐에게 담즙산(cholic acid 0.2%)을 포함하는 기초식과 3 %와 6

% 수준의 호박 식이를 공급하였다. 우선 9주 연속적으로 콜레스테롤을 경구 복용시킨 결과 심장 무게가 유의적으로 증가($P < 0.001$) 하였으나 보충식 공급으로 상당한($P < 0.001$) 감소를 보였다.

또한 호박 보충군에서 3 %와 6 % 호박 보충은 혈장 콜레스테롤 수준을 20 %와 30 %로 각각 낮췄다. LDL-콜레스테롤 수준이 각각 24 %와 48 %로 유의적으로($P < 0.05$) 감소하였고 혈장의 지질과산화작용 수준도 각각 24 %와 20% 감소하였다($P < 0.05$).

Reference

윤형권 편집(2004): 숨어있는 채소 과일의 매력. 농촌 진흥청 원예연구소

이성현, 황보영숙, 김지연, 한귀정(1999): 호박 추출물의 섭취가 흰쥐의 지질 및 무기질 대사에 미치는 영향. 농촌진흥청 농촌생활연구소(포스터 발표)

임종필, 최훈(2001): 호박물 추출물이 부종 및 고지혈증에 미치는 영향, 한국약용작물학회지 제9권 제4호(2001. 12) p.280~283

Adaramoye OA, Achem J, Akintayo OO, Fafunso MA(2007): Hypolipidemic effect of Telfairia occidentalis (fluted pumpkin) in rats fed a cholesterol-rich diet. J Med Food.10(2):330-6.

Gossell-Williams M, Lyttle K, Clarke T, Gardner M, Simon O(2008): Supplementation with pumpkin seed oil improves plasma lipid profile and cardiovascular outcomes of female non-ovariectomized and ovariectomized Sprague-Dawley rats. Phytother. Res.22(7):873-7.

3. 고혈압

이성현 등(1999)은 흰쥐(약 200g)에게 늙은 호박 추출액을 냉동 · 건조하여 고지방 및 고식염 식이에 5 % 수준으로 첨가하고 4주 동안 섭취시켜 호박의 섭취가 지질 및 무기질 대사에 미치는 영향을 알아보았다.

호박 추출액을 섭취한 쥐들에서 신장의 Na과 K의 함량은 유의적($p < 0.01$)으로 낮게 나타났고 변으로의 Ca 및 Mg 배설량과 요중 Na 배설량 및 Na/K 비율도 유의적($p < 0.01$)으로 높게 나타났다.

결과적으로 호박 추출물의 섭취는 요를 통해 Na 배설량을 증가시키는 효과가 있으나 Ca이나 Mg과 같은 영양소의 흡수율을 낮출 수도 있다고 하였다.

최근 난소를 절제한 쥐와 난소를 절제하지 않은 암컷 흰쥐에서 식물성 에스트로겐의 한 종류인 호박씨 기름(phytoestrogens in the seed oil: PSO)의 보충이 고지혈증 억제 효과가 있는지를 조사하기 위해 총 콜레스테롤(TC), 저밀도 지단백질 콜레스테롤(LDL-C), 중성지방, 고밀도 지단백질 콜레스테롤(HDL-C)의 심장 수축 및 심장 확장 그리고 혈압에 대한 PSO 보충제의 효력을 분석하였다(Gossell-Williams 등 2008).

체중 220~300g의 암컷 쥐를 난소절제 여부에 따라 분류해 난소를 절제하지 않은 쥐에게는 옥수수기름(대조군, n = 6)을, 난소를 절제한 쥐에게는 옥수수기름(난소절제 대조군, n = 6) 또는 호박씨 기름(난소절제 호박씨 기름군, n = 5)을 12주 동안 매주 5일 동안(옥수수기름 40 mg/kg 또는 호박씨 기름 40 mg/kg) 경구 투여한 후 수축기 혈압과 확장기 혈압을 매주 측정했다.

호박씨 기름의 보충은 난소를 절제하지 않은 쥐와 난소를 절제한 쥐 모두에서 수축기 혈압과 확장기 혈압을 낮추는 것으로 나타났다.

호박씨유가 자연발생 고혈압쥐(spontaneously hypertensive rats : SHR)에서 칼슘길항제인 펠로디핀(felodipine)과 고혈압 치료제 카프토프릴(captopril)의 효과를 조절하는 것으로 나타났다(Zuhair 2000). 호박씨유는 혈액, 심장과 신장 기능뿐만 아니라 혈압과 자연발생 고혈압쥐의 심박수를 개선할 수 있다고 조사되었다.

자연발생 고혈압쥐에게 4주 동안 호박씨유 공급 후 펠로디핀이나 카프토프릴의 정맥주사를 하였을 때 공급 전에 비해 혈압 강하 작용에 상당한 효과가 있음을 나타냈다. 또한 호박씨유는 가벼운 항산화 기능이 있어서 약과 함께 공급하는 것은 고혈압의 진행을 늦추는 치료적 효능이 있었다고 보고했다.

호박씨를 달인 물은 질 좋은 불포화 지방산이 풍부해 혈액 순환을 돕고 혈관벽에 콜레스테롤이 달라붙는 것을 예방하기 때문에 고혈압을 예방 치료한다고 한다. 호박씨를 채반에 널어 햇볕에 말렸다가 10알에 물 300 mL를 부어서 물이 반으로 줄 때까지 달여 마신다(신재용 2008).

Reference

신재용(2008): 체질음식 동의보감(체질에 따라 치료효과 100% 높이는) 웰빙 플러스 131p.

이성현(1999): 호박 추출물의 섭취가 흰쥐의 지질 및 무기질 대사에 미치는 영향. 농촌진흥청 농촌생활연구소(포스터 발표)

Gossell-Williams M, Lyttle K, Clarke T, Gardner M, Simon O(2008): Supplementation with pumpkin seed oil improves plasma lipid profile and cardiovascular outcomes of female non-ovariectomized and ovariectomized Sprague-Dawley rats. Phytother Res.22(7):873-7.

Zuhair HA, Abd El-Fattah AA, El-Sayed MI(2000): Pumpkin-seed oil modulates the effect of felodipine and captopril in spontaneously hypertensive rats. Pharmacol Res.41(5):555-63.

4. 기생충 구충작용

Díaz Obregón 등(2004)은 표재성 미란성 위염이 발견된 Weys 쥐에게 호박씨(Cucurbita Maxima) 농축액을 4시간마다 9g/kg씩 투여하였을 때에 편충 구충효과를 나타냈다고 했다.

호박씨와 빈랑나무 견과 농축액은 이형흡충증(heterophyiasis)에 감염된 물고기를 먹어 감염된 강아지들을 대상으로 한 실험에서 구충효과를 나타냈다(Mahmoud 2002). 대변 검사에서 양성을 나타내어 감염이 시작된 2주 후부터 호박씨와 빈랑나무 견과 달인 물을 경구투여했다.

알과 기생충을 내장 부검을 통해 효과를 평가하였을 때, 빈랑나무 견과와 호박씨를 결합한 추출물은 탁월한 효과를 나타냈으며 어느 것이든 추출물을 투여할 때 우수한 구충효과를 나타냈다.

호박씨를 물, 메탄올, 디클로로메탄을 사용해 추출하여 구충효과를 분석한 Marie-Magdeleine 등(2008)은 염전위충(H. Contortus)의 애벌레 발달 분석 실험에서는 각 추출물의 시험관에서 90 % 생장 억제효과를 나타냈다고 했다. 그리고 성충의 운동성 분석실험에서는 디클로로메탄과 메탄올 대조 표본 추출물 배양관에서 24시간 후에 59.2 %의 억제효과를 나타냈다고 밝혔다. 이로써 호박씨는 염전위충(H. contortus)에 대한 구충제 기능을 한다고 하였다.

호박씨는 전통적으로 촌충 구제약이나 회충약 등으로 사용되었다(김천수 2008). 촌충구제와 회충 및 요충에 호박씨 30~40g(2~3큰술)을 절구에 잘 으깨서 소량의 물을 넣어 헝겊으로 짜서 복용하면 효과가 있다(윤형권 2004).

호박씨 한 줌을 진하게 달여 그 탕을 마시거나 호박씨를 가루로 만들어 따뜻한 물과 함께 먹는다. 생호박을 잘라 먹어도 구충작용이 있어서 호박과 호박씨를 같이 먹이면 효과가 크다고 한다(신재용 2008).

Reference

김천수(2008): 호박종자유와 톱야자유 섭취가 전립선 비대증에 미치는 영향에 관한 연구. 중앙대학교 박사학위논문

신재용(2008): 체질음식 동의보감(체질에 따라 치료효과 100% 높이는) 웰빙플러스, 260p.

윤형권 편집(2004): 숨어있는 채소 과일의 매력. 농촌 진흥청 원예연구소

Díaz Obregón D, Lloja Lozano L, Carbajal Zúñiga V(2004): Preclinical studies of cucurbita maxima (pumpkin seeds) a traditional intestinal antiparasitic in rural urban areas. Grohmann National University, in Tacna. Rev Gastroenterol Peru.24(4):323-7.

Mahmoud LH, Basiouny SO, Dawoud HA(2002): Treatment of experimental heterophyiasis with two plant extracts, areca nut and pumpkin seed. Parasitology. J Egypt Soc Parasitol.32(2):501-6.

Marie-Magdeleine C, Hoste H, Mahieu M, Varo H, Archimede H(2008): In vitro effects of Cucurbita moschata seed extracts on Haemonchus contortus. Vet Parasitol

5. 당뇨병

박과 채소(Cucurbita ficifolia Bouché)는 당뇨병 치료에 효과가 있다(Andrade-Cetto와 Heinrich 2005). 중국에서는 상업적인 사용을 위해 보건국에서 인증한 약초 중 하나인 호박이 많은 연구자들이 췌장 조직의 기능을 복구하고 소장에서 포도당 흡수를 막기 위해 인슐린 분비를 늘리는 효능에 대해서 연구해 왔다.

호박의 사용은 췌장의 베타세포를 보호하고 혈당의 급격한 오르내림을 막는 효과를 나타내었다. 화학 약제나 인슐린과 같은 일반적인 약 치료와 함께 천연성분인 호박의 사용은 약물 복용량을 낮추거나 투여 빈도를 줄이며, 일반적으로 나타나는 부작용을 줄일 수 있다고 한다(Jia 등 2003).

최근 실험식이로 흰쥐를 2주 동안 사육한 후 스트렙토조토신(45mg/kg B.W.)으로 당뇨를 유도한 뒤 항산화 효과가 있다고 알려진 β-carotene을 다량 함유한 호박분말을 0.5% 첨가한 식이를 4주간 급여(정윤미 2005)하였을 때에 당뇨쥐의 혈당치는 대조군에 비하여 2배 이상 증가하였으나, 당뇨군 사이에서 호박분말의 첨가군은 혈당강하 효과가 관찰되지 않았다.

혈장의 중성지질 수준은 모든 군에서 유의적인 차이가 없었으나 호박분말의 첨가로 인해 감소하였다. 지질과산화물 수준은 혈장에서는 대조군에서 유의적으로 높게 나타났다. 간조직에서 지질과산화물 수준은 모든 군에서 유의적인 차이를 나타내지 않았지만 당뇨로 인해 수준이 증가하였고, 호박분말의 첨가로 인해 감소하였다.

혈장에서의 retinol 함량은 당뇨군에서 유의적인 감소가 나타났다. 간조직의 retinol 함량은 모든 군에서 유의적인 차이가 없었으나 retinol palmitate 함량과 총 vitamin A 함량은 호박분말의 첨가로 인해 당뇨 호박군에서 유의적인 증가가 나타났다.

혈장 내의 α-tocopherol 함량은 당뇨군에서 감소하였으나 호박분말의 첨가로 증가하였다. SOD 활성은 호박분말의 첨가에 따라 활성이 증가하였다. 혈관조직의 미세구조 관찰에서 당뇨유도로 인한 혈관내피세포의 탈락, 지방성 침

착물, 내탄력막의 변형된 모습이 관찰되었다. 그러나 당뇨 호박군에서는 당뇨군에서 나타난 손상소견은 나타나지 않았고, 혈관내피세포도 정상적이었다.

간조직과 신장조직의 형태학적 관찰에서는 모든 군이 정상적이었다. 이상의 결과에서와 같이 당뇨쥐에게 호박분말을 첨가함으로써 유의적인 함량변화는 아니지만, 혈당강하 작용과 호박분말 첨가에 의한 GPT활성 감소, 간조직에서의 비타민 A 함량의 증가와 SOD활성이 증가하였다.

따라서 산화적 스트레스에 감수성이 높은 당뇨병 환자에게 호박을 이용한 식단을 제공함으로써 혈당조절 및 항산화 효과를 기대하며 또한 이를 위한 보다 세분화된 연구가 필요할 것으로 사료된다.

냉동 건조된 흑종 호박(Cucurbita ficifolia Bouché) 과즙을 건강한 쥐와 당뇨쥐에게 복강 내 투여하였을 때도 건강한 쥐의 혈당을 신속하게 낮췄다 (Alarcon 등 2002). 또한 경구로 투여된 야생 호박과즙도 유의적이지는 않으나 건강한 쥐에서 혈당치를 상당히 감소시켰다.

복강 내로 투여된 야생 호박과즙은 당뇨쥐에서도 혈당을 저하하는 효과를 보였으며 매일 경구 복용은 치료 14일 후에 현저하게 높은 혈당 감소를 보였다. 그러나 냉동 건조된 과즙을 매일 복강 내로 투여했을 때는 독성을 일으키는 원인이 되었다. 따라서 호박과즙은 복강 투여보다는 경구 투여 방법이 안전하고 건강한 경우보다는 당뇨 상태에서 효과가 클 것으로 사료된다.

동물 실험에서뿐만 아니라 당뇨환자들에게 생호박 추출물을 공급했을 때도 다른 동물 실험에서와 같은 혈당 저하효과가 나타났다(Acosta 등 2001).

중등도 고혈당증의 제2형 당뇨 환자 10명에게 최소 1주간 4mL/Kg body wt.으로 생호박(Cucurbita ficifolia) 추출액을 공급하였다. 환자들은 실험 24시간 전에 복용하던 약을 끊고, 생호박 추출액을 경구 복용했는데 복용 전 12.07±1.69mM(217.2±30.4mg/dL)에서 3시간 후 9.42±1.96mM(169.6± 35.3 mg/dL)로, 5시간 후 8.37±1.74mM(150.8±31.3mg/dL)로 혈당이 현저히 감소했다.

Quanhong 등(2005)은 당뇨쥐에서 호박 열매로부터 얻은 단백결합다당류(The protein-bound polysaccharide from pumpkin fruits : PBPP)가 명백하게 혈청 인슐린의 수준을 높이고, 혈중 포도당 수준을 낮추며 포도당의 내성을 개선할 수 있다고 하였다.

혈당저하 효과는 PBPP 과량 복용군(체중 1000mg/kg), PBPP 소량 복용군(체중 500mg/kg) 및 혈당강하제군에서 탁월한 효과를 나타냈다. 결과적으로 호박과즙(PBPP)의 혈당저하 효과는 복용량에 달려 있으며 PBPP가 새로운 혈당강하제로 발전될 가능성을 가지고 있다고 하였다.

건강한 토끼들의 피하에 당을 투여하여 당뇨를 유도함으로써 중등도 당뇨병(공복 혈당 150~300 mg/dL)토끼와 고도 당뇨(공복 혈당 > 400 mg/dL) 토끼들에게 식물성 항 당뇨 성분의 효과를 분석한 Román 등(1992)의 연구 결과, 중등도 당뇨 토끼에서는 tolbutamide와 유사한 혈당저하 효력이 있었으나 고도 당뇨병 토끼에는 아무런 효력도 없었다. 식물성 항 당뇨 성분의 혈당저하 효과를 위해서는 췌장 기능과 췌장의 인슐린이 요구된다는 것을 제안하였다.

스트렙토조토신(streptozotocin)으로 당뇨병을 유도한 실험용 쥐들에게서 호박 추출물의 혈당강하 작용 및 호박 추출물의 항산화 작용과 당뇨병 개선효과를 보여주었다(Xia 등 2006).

그 밖에도 당뇨병으로 인한 부기에도 좋은 호박꿀단지를 만들어 먹으면 호박이 인슐린 분비를 도우므로 당뇨병에 좋다(김종열 2005). 잘게 썬 호박을 햇볕에 바짝 말려 가루로 만든 다음 하루에 20g씩 꾸준히 복용하면 인슐린 분비를 돕는다는 보고들이 있다(신재용 2008).

Reference

김종열(2005): 박과채소의 한의학적 효능가치. 한국박과채소연구회지

신재용(2008): 체질음식 동의보감(체질에 따라 치료효과 100% 높이는) 웰빙플러스 p.140

Acosta-Patiño JL, Jiménez-Balderas E, Juárez-Oropeza MA, Díaz-Zagoya JC(2001):Hypoglycemic action of Cucurbita ficifolia on Type

2 diabetic patients with moderately high blood glucose levels. J Ethnopharmacol. 77(1):99-101.

Alarcon-Aguilar FJ, Hernandez-Galicia E, Campos-Sepulveda AE, Xolalpa -Molina S, Rivas-Vilchis JF, Vazquez-Carrillo LI, Roman-Ramos R(2002): Evaluation of the Hypo glycemic effect of Cucurbita ficifolia Bouché (Cucurbitaceae) in different experimental models. J. Ethnopharmacol. 82(2-3):185-9.

Andrade-Cetto A, Heinrich M(2005): Mexican plants with hypoglycaemic effect used in the treatment of diabetes. J Ethno pharmacol.99(3):325-48.

Jia W, Gao WY, Xiao PG. (2003): Antidiabetic drugs of plant origin used in China: compositions, pharmacology, and hypoglycemic mechanisms. Zhongguo Zhong Yao Za Zhi. Feb;28(2):108-13

Quanhong L, Caili F, Yukui R, Guanghui H, Tongyi C(2005): Effects of protein-bound polysaccharide isolated from pumpkin on insulin in diabetic rats. Plant Foods Hum Nutr. 60(1):13-6.

Román Ramos R, Lara Lemus A, Alarcón Aguilar F, Flores Saenz JL (1992): Hypoglycemic activity of some antidiabetic plants. Arch Med Res.1992 Autumn;23(3):105-9.

Xia T, Wang Q(2006): D-chiro-inositol found in Cucurbita ficifolia (Cucurbitaceae) fruit extracts plays the hypoglycaemic role in streptozocin-diabetic rats. J Pharm Pharmacol. Nov;58(11):1527-32.

6. 말라리아

박과 식물인 서양계 호박에서 추출한 천연 에탄올 추출물(Crude ethanolic extracts, CEEs)은 말라리아 예방을 위해 분석되었다. 건조한 서양계 호박씨 에탄올 추출은 말라리아 원충에 의하여 berghei에 감염된 쥐에 경구 복용(250, 그리고 500 mg/kg) 후 50 %의 기생충병 수준을 감소시키는 강한 말라리아 예방 결과를 보여주었다.

정상 동물에 추출물의 500 mg/kg를 3일 전에 정맥 주사하여 P. berghei의 원인 parasitemic의 수준이 30 %가 현저히 감소했다.

Reference

Amorim CZ, Marques AD, Cordeiro RS(1991): Screening of the antimalarialactivity of plants of the Cucurbitaceae family. Mem Inst Oswaldo Cruz.1991;86

7. 방광결석

호박씨 스낵은 태국 사춘기 아동의 방광결석 위험을 낮춘다고 하였다(Suphiphat 1993). 호박씨를 보충한 식사는 방광결석 방해요인의 수준을 증가시키며 따라서 방광결석 질환의 위험을 감소시킨다는 것을 제안했다.

Reference

Suphiphat V, Morjaroen N, Pukboonme I, Ngunboonsri P, Lowhnoo T, Dhanamitta S(1993): The effect of pumpkin seeds snack on inhibitors and promoters of urolithiasis in Thai adolescents. J Med Assoc Thai.76(9): 487-93.

8. 빈혈

장상문 등(2002)은 한방에서 특히 산모의 산후회복에 효과적이라고 알려진 호박이 산욕기 산모의 혈액성상 회복에 어떤 영향을 주는지를 조사하였다.

호박을 주원료로 8가지 한방 생약재를 첨가하여 압출액을 만든 후에 분만 직후의 산모 50명에게 21일간 복용시키고 혈액을 채취하여 적혈구와 헤모글로빈을 복용 전과 비교하였으며, 또 호박 및 한방 생약재를 복용하지 않은 대조군과도 비교하였다.

본 실험의 결과 적혈구 수치는 분만 직후의 3.56×10^6/mm에서 4.6×10^6/mm로 증가하여 3.9×10^6/mm인 대조군에 비하여 높은 증가효과를 보여주었다. 헤모글로빈의 경우도 분만 직후 10.35 g/dL에서 복용 21일 만에 12.61 g/dL로 증가하여 대조군인 10.88 g/dL과 비교하였을 때 유의적인 증가효과를 보여주었다.

헤모글로빈 수치 역시 임신 초기의 평균적인 수준을 초과하였으며 정상의 범위에 속하는 수준으로 회복하는 결과였다. 연구의 결과 호박을 주원료로 하는 한방생강추출액은 분만 직후 산모의 적혈구 수치 및 헤모글로빈의 회복에 효과적이라고 보고했다.

20~37세의 미혼이거나 임신하지 않은 건강한 여성 8명에게 4주 동안 이미 요리되어 있는 시리얼(providing 7.1mg iron/day) 30g과 추가로 호박씨(providing 4.0mg iron/day) 30g을 먹도록 하고 생리 20일 전의 혈액을 채혈하여, 헤모글로빈(Hb), 헤마토크릿(Ht), 혈청 페리틴(ferritin), 철, 총 철결합능(TIBC), 트랜스페린, 트랜스페린 포화도를 측정했다(Naghii와 Mofid 2007).

분석 결과는 혈청 철과 트랜스페린 포화도는 더 높았다. 모든 대상자는 섭취 후에 혈청 철이 더 높았다. 따라서 주로 유아, 청년, 가임기에 있는 성인 여성들 및 임신한 여성들에서 강화된 철 식품과 철 영양 상태를 향상시키기 위하여 추천한다고 하였다.

Reference

장상문, 이주백, 안홍, 김지향, 박난영 (2002): 호박 및 한방 생약재 추출물이 산모의 혈액성분에 미치는 영향. 식품산업과 영양 7(1): 40~44

Naghii MR, Mofid M(2007): Impact of daily consumption of iron fortified ready-to-eat cereal and pumpkin seed kernels (Cucurbita pepo) on serum iron in adult women. Biofactors.30(1):19-26.

9. 신장질환

민간약으로 사용되는 당호박의 물 추출물이 부종에 미치는 영향에 대하여 실험한 임종필(2001)의 연구 결과 500mg/kg 투여군에서 carrageenan에 의한 부종에 대하여는 42.1%의 억제효과를 보여서 당호박은 부종의 치료에 대한 약용가치가 충분하다고 하였다. 윤형권(2004)도 호박에 함유된 트리고넬린

(trigonellin)이라는 성분과 비타민, 무기질 등은 혈청 콜레스테롤을 낮추고 이뇨작용을 한다고 하였다.

또한 요소회로의 구성 성분인 호박의 성분 중 시트룰린(citrulin)은 이뇨작용을 하고 염화나트륨의 배설을 빠르게 한다고 한다(김천수 2003). 특히 호박은 이뇨작용이 있어 신장기능이 약해서 걸핏하면 부석부석 잘 붓는 편이며, 또 열성 체질로 여기저기 종기나 헌 데가 잘 생기는 편인 소양인에게 좋다고 하였다(신재용 2008).

동의보감에도 부기가 있을 때에 호박을 사용하는데 특히 산모 부기에 이뇨제로서 사용되며 잘 익은 호박씨는 이뇨를 촉진하는 작용이 있다고 한다.

Reference

김천수(2003): 호박씨 기름으로부터 Sterol 성분들의 분석에 관한 연구. 서울산업대학교 석사학위 논문

신재용(2008): 체질음식 동의보감(체질에 따라 치료효과 100% 높이는) 81p. 웰빙플러스

윤형권 편집(2004): 숨어있는 채소 과일의 매력. 농촌 진흥청 원예연구소

임종필(2001): 호박물 추출물이 부종 및 고지혈증에 미치는 영향. 한국약용작물학회지 제9권 제4호(2001. 12) p.280~283

10. 암

호박분말의 공급이 암에 미치는 효과를 조사하기 위하여 수컷 흰쥐에게 인위적으로 위암을 유발한 후 호박분말을 보충(사료의 2.5%, 5%)하였을 때 호박분말의 보충은 인위적으로 유도한 위암의 출현과 발달을 현저히 감소시켰다.

또한 실험동물의 사료 내 호박분말의 보충도 유방암 특이 발암제인 DMBA (7, 12-dimethylbenz(a)anthracene)로 유도한 유선암의 개시 및 진전을 억제하는 효과가 있었다. 따라서 호박을 이용한 가공식품 개발이 필요하다고 하였다(최창본 1998).

미국 국립암연구소의 연구에 따르면 오랜 흡연 경력을 가진 사람이 많은 뉴저지 주의 남성 집단에서 황색의 호박은 폐암으로부터 인체를 지켜주는 세 가지 채소(호박, 고구마, 당근) 중의 하나라고 하였다.

이 세 가지 채소를 가장 적게 먹는 사람이 가장 많이 먹는 사람에 비해 폐암에 걸릴 위험이 약 2배였는데 폐암의 위험이 가장 낮았던 사람과 가장 높았던 사람의 섭취량의 차이는 하루에 호박, 당근, 고구마 중 한 가지를 반 컵 정도 먹는가 아닌가의 차이에 불과하였다고 한다.

또한 역학조사에 따르면 호박은 폐암 이외에도 식도암, 위암, 방광암, 후두암, 전립선암의 위험을 줄이는 것으로 보고되었다(김천수 2003). 호박에 함유된 카로틴은 항암작용이 있어 독성물질인 활성산소가 혈관을 파괴한다든가 노화를 가속화하는 것을 강력하게 억제한다고도 하며(윤형권 2004), 호박에는 암을 억제하는 프로테아제의 일종이 있다고도 한다(신재용 2008).

Reference

김천수(2003): 호박씨 기름으로부터 Sterol 성분들의 분석에 관한 연구. 서울산업대학교 석사학위 논문

신재용(2008): 체질음식 동의보감(체질에 따라 치료효과 100% 높이는) 웰빙플러스 81p.

윤형권 편집(2004): 숨어있는 채소 과일의 매력. 농촌진흥청 원예연구소

최창본(1998): 호박분말이 Sprague-Dawley 흰쥐에서 인위적으로 유발한 위암 및 유선암에 미치는 영향. 한국식품영양과학회지 27(5): 973~979

11. 위장질환

Sarkar와 Buha(2008)는 아스피린에 의해 유발된 흰쥐의 위와 십이지장의 궤양에 호박과즙 추출물을 14일 동안 투여하였을 때 호박과즙 추출물을 투여한 쥐에서 알칼라인 포스파타아제(alkaline phosphatase: AP)의 활성화, 점막두께 등의 십이지장 궤양 인자가 감소하여 위, 십이지장을 보호하고 궤양유발 억제기능을 보였다고 하였다.

호박이 가진 당분은 소화흡수가 잘 되고 세포점막을 건강하게 보호하기 때문에 위장이 약한 사람이나 회복기의 환자에게도 아주 좋아서(김종열 2005) 위장이 약하고 마른 사람이 호박을 꾸준히 먹으면 위가 강화되는 효과를 얻는다고 한다(김천수 2003).

Reference

김종열(2005): 박과채소의 한의학적 효능가치. 한국박과채소연구회지

김천수(2003): 호박씨 기름으로부터 Sterol 성분들의 분석에 관한 연구. 서울산업대학교 석사학위 논문

Sarkar S, Buha D(2008): Effect of ripe fruit pulp extract of Cucurbita pepo Linn. in aspirin induced gastric and duodenal ulcer in rats. Neurosciences. Indian J Exp Biol. 46(9):639-45.

12. 전립선

예로부터 호박의 씨앗을 우려내어 전립선비대증을 치료하는 데 사용해 왔는데 최근에도 건강기능성 식품으로서 호박씨를 양성 전립선 비대증(Benign Prostatic Hyperplaisa: BPH)과 관련된 비뇨기적 증상을 치료하는 데 활용하고 있다.

British Herbal(4판)과 USP Pharmacopoeias(10판)와 같은 다양한 조제서에서는 호박씨유의 활용에 관한 보고가 있으며 1985년 독일 연방 보건소는 호박씨유가 BPH에 의한 배뇨 장애에 긍정적 영향을 줄 수 있다고 했다.

최근 김천수(2008)는 비뇨기과에 내원한 만 40세부터 70세까지의 배뇨장애증상을 갖고 있는 환자 47명을 대상으로 호박씨유의 효과를 연구하기 위하여 호박씨유 320mg/day 또는 호박씨유와 톱야자유를 같은 비율로 혼합하여 640mg/day을 보충하였다.

실험 결과 혼합복용군은 약 75.3%, 호박씨유 복용군은 50.3%로 양호한 개선율을 나타냈는데 복용 후 3개월부터 감소효과가($p < 0.05$) 종료시점까지 지속되었다고 하였다. 이는 남성 호르몬인 테스토스테론에 5-알파환원효소(5-α -reductase)가 작용하여 DHT(dihydro- testosterone)로 전환되어 전립선 비

대 현상이 일어나는데 호박 종자유의 추출물인 식물성스테롤(Plantsterol 혹은 Phytosterol 이라고 함)이 이 전립선 비대 현상 발생을 억제하는 효과와 관련되는 것으로 보고하였다.

Gossell-Williams 등(2006)도 호박씨가 전립선 비대 관리에 유용하다는 주장을 기초로 전립선 비대를 유도한 쥐에 대한 호박씨(Cucurbita pepo) 기름의 보충효과를 연구하였다. 20일간 호박씨 기름(체중의 2.0, 그리고 4.0mg/100g)과 대조군으로 옥수수기름을 경구 투여하였을 때 테스토스테론은 두드러지게 전립선의 크기 비율($P < 0.05$)를 증가시켰다.

체중의 2.0mg/100g 수준의 호박씨 기름 보충은 쥐에서 전립선 비대 현상이 억제되었다. 호박씨 기름의 방어적인 효력은 더 많은 호박씨 기름 복용량($P < 0.02$)에 있다. 호박씨 기름이 전립선의 테스토스테론 증가가 유도된 쥐의 전립선 증대의 관리에 유익한 효과를 나타낼 수도 있다고 하였다.

테스토스테론과 파라조신으로 전립선 비대가 유도된 쥐(50마리) 실험에서 호박씨유를 경구 투여한 그룹과 Phytosterol-F와 결합된 pumpkin seed oil을 경구 투여한 결과 Pumpkin seed oil과 Phytosterol-F가 결합된 Pumpkin seed oil은 모두 유도된 쥐의 체중대비 전립선 무게의 증가와 단백질 합성의 증가를 막을 수 있었다(Tsai 등 2006).

Reference

김천수(2008): 한국인의 양성전립선비대증 환자의 배뇨장애증상에 호박종자유와 톱야자유 섭취가 개선에 미치는 영향. 중앙대 대학원 박사학위논문

Gossell-Williams M, Davis A, O'Connor N(2006): Inhibition of testosterone-induced hyperplasia of the prostate of sprague-dawley rats by pumpkin seed oil. J Med Food. 9(2):284-6.

Tsai YS, Tong YC, Cheng JT, Lee CH, Yang FS, Lee HY(2006) Pumpkin seed oil and phytosterol-F can block testosterone / prazosin - induced prostate growth in rats. Urol Int. 77(3):269-74.

13. 기타 성장 관련 정보

Ezeji 등(1993)은 단백질과 지방이 많이 함유된 기장, bambarra groundnut seeds(땅콩의 일종)와 호박씨(fluted pumkin seeds)를 기능성 이유식(weaning foods)으로 만들어서 평가했다. 각 재료들의 성분을 분석하였을 때에 호박씨가 다른 재료들보다 단백질(24%)과 지방(8%)이 가장 많았고, 또한 발효에 따른 영양소에 대한 효능도 동물 실험에 의해 증명되었는데 발효는 영양소 함량을 개선하여 기장과 bambarra 땅콩 및 호박과즙 가루(1:1:2)로 혼합한 혼합물이 가장 높은 값을 얻었다. 이 연구는 발효 제품이 아이들의 성장을 촉진할 것으로 제안하였다.

Reference

Ezeji C, Ojimelukwe PC(1993): Effect of fermentation on the nutritional quality and functional properties of infant food formulations prepared from bambarra-groundnut, fluted-pumpkin and millet seeds. Plant Foods Hum Nutr. 44(3):267-76.

PART 3.

호박의 기능성에 관한 연구동향과 관련문헌

3-1 호박의 기능성에 관한 연구동향과 관련문헌

Biological Stimulation of Pumpkins on Human Body

PART 3. 호박의 기능성에 관한 연구동향과 관련문헌

3-1 호박의 기능성에 관한 국내외 연구동향

1. 호박의 상시섭취에 따른 효과

호박의 상시 섭취효과를 알아보기 위해 늙은 호박의 껍질, 씨, 섬유소 그리고 과육을 함께 쪄서 얻은 추출물을 경기도 지역에 거주하는 건강한 여대생 41명에게 섭취시켰다. 여대생은 대조군, 100mL/day 군, 300mL/day 군의 3군으로 나누어 4주 동안 보충 섭취하게 해서 혈중 지질 농도와 혈당에 미치는 영향을 분석한 결과(노숙령과 윤미은 2009)는 다음과 같았다.

1. 조사대상자들의 평균 체중과 신장은 각각 53.0kg, 161.1cm이었으며 신장과 체중으로부터 산출한 체질량지수(BMI, body mass index)는 전체 대상자 평균 20.41±2.24이었으며 군 간에 유의적인 차이가 없었다.

2. 조사대상자들의 에너지 섭취량과 총 단백질, 식이섬유, 엽산, 아연의 섭취량 등 영양소의 섭취량에서 군 간에 유의적인 차이가 없었으며 실험 전후의 섭취량에도 유의적인 차이가 없었다.

3. 보충 전 혈청 총 콜레스테롤, HDL-콜레스테롤, LDL-콜레스테롤, 중성지방 그리고 혈당에서 모든 군 간에 유의한 차이를 나타내지 않았으며 섭취 전과 후의 차이값에서도 유의적인 차이를 보이지 않았다.

이상의 결과를 종합해 보면 4주간의 호박 추출물의 섭취는 여대생의 혈중 지질 수준과 혈당에 유의적인 변화를 나타내지 않았다. 이는 섭취 기간이 4주로 짧았던 점과 동결 건조하여 공급한 동물 실험에 비해 섭취량이 부족하였던 점, 대상자가 혈중 지질 수준과 혈당이 모두 정상범위인 건강한 여대생이었던 점 등의 제한점이 있었던 것으로 본다. 따라서 고지혈증 환자나 당뇨환자 또는 암환자들을 대상으로 섭취량을 달리하고 기간을 달리하여 섭취시킨 후 혈액성분과 세포 활성에 관한 효과를 살펴보는 후속연구가 필요할 것으로 생각된다.

2. 호박 관련 국내외 연구동향

(1) 국내연구

본 연구에서 수집 분석한 국내 호박 관련 학위논문은 1990년부터 2008년까지 발표된 논문 총 69편이었다. 그중 호박의 효능에 관한 논문은 14편, 성분에 관한 논문은 6편, 식품제조에 관한 논문 14편, 생산에 관한 논문 30편, 판매와 기호 등에 관한 논문 5편으로 호박 생산에 관한 연구가 가장 많이 발표된 것으로 나타났다.

그 다음으로 효능과 제조에 관한 논문이 각각 14편으로 많았으며 성분에 관한 논문과 판매 기호 등에 관련된 논문은 가장 적게 발표되었다(국내 호박 관련 학위논문 연도별 분야별 정리표 참고).

1986년부터 2008년까지 국내 학술지에 게재된 호박관련 연구논문은 62편이었다. 국내 호박 관련 학위논문과는 다른 경향으로 그중 호박의 효능에 관한 연구논문은 15편, 성분에 관한 논문은 14편, 식품 제조, 조리, 품질 등에 관한 논문 22편, 생산에 관한 논문 9편, 판매와 전망 등에 관한 논문 2편이었다.

호박을 이용한 식품 제조·조리·품질에 관한 연구가 가장 많이 발표되었으며 효능과 성분에 관한 연구논문이 다음으로 많았고 생산, 판매, 전망 등에 관한 연구논문이 가장 적게 발표된 것으로 분석되었다.

호박의 효능은 부종과 항산화 관련 연구가 보고되었으며 고지혈증, 당뇨, 암, 빈혈 등 질병에도 효과가 있다는 연구들이 주를 이루었다. 동의보감에서도 산모 부기에 잘 익은 호박씨가 이뇨를 촉진하는 작용이 있다고 하였다. 그런데 최근 호박의 물 추출물이 흰쥐의 부종에 미치는 영향에 대한 효과를 분석한 임종필(2001)의 연구에서는 호박이 부종에 42.1% 억제효과를 나타내 약용가치가 충분하다고 하였다.

또한 호박에 함유된 트리고넬린(trigonellin)이라는 성분과 비타민, 무기질 등이 이뇨작용을 하며(윤형권 2004), 요소회로의 구성 성분인 시트룰린(citrulin)은 늙은 호박의 주된 아미노산으로 이뇨작용을 하고 염화나트륨의 배설을 빠르게 한다고 하였다(김천수 2003).

호박의 열수 추출물은 자유 라디칼 소거 기능이 높아 항산화 효과를 나타냄으로써 암세포 증식을 억제하며, 특히 피부암세포(G361)에 대하여 효과를 보였다고 하였다(안봉전 등 2004).

또한 항산화효과가 제기되고 있는 베타카로틴을 다량 함유한 재래종 호박 분말을 식이에 첨가하여 STZ 유발 당뇨쥐에게 급여하였을 때 간조직에서의 항산화 효소 SOD(superoxide dismutase) 활성이 증가했다(정윤미 2005).

호박의 카로티노이드 함량은 부위에 따라 큰 차이가 있어 씨를 둘러싸고 있는 내부 섬유상 물질에는 베타카로틴이 전체 카로티노이드의 87 %이며(강남준 2004), 2000년 석호문의 연구에서는 섬유상 부위에 64.5 %로 과육(6.61 mg%) 부위와 과피(3.31 mg%)에는 그 함량이 상대적으로 낮다고 하였다.

토양의 영양소 함유량에 따라서도 호박잎의 항산화 효소의 함량이 달라서 마그네슘이 부족하게 재배된 호박잎은 마그네슘·클로로필·단백질의 함량이 유의하게 감소한 반면, 항산화 효소인 superoxide radical(O_2), and ascorbate peroxidase(AP), H_2O_2 scavenging enzyme, and glutathione redutase(GR)가 마그네슘이 충분한 경우보다 많이 증가하였다. 따라서 식물에서 마그네슘의 부족은 항산화 효소에 자극적인 효과를 나타내었다(김병철, 이증주 1997).

천연 항산화제의 대부분은 식물체에 존재하는 폴리페놀 물질로 알려져 있다(유미애 등 2004). 특히 호박 중에 함유된 페놀 및 플라보노이드계 성분은 항산화나 항암 등의 기능성을 가진 특이한 성분으로 호박 종류별로 함량이 달라서 애호박의 효소 추출물에서 늙은 호박과 단호박에 비해 총 phenol성 화합물 함량이 높았다(김재환 2008).

늙은 호박의 경우 총 폴리페놀 함량은 섬유상 부위에 가장 많아 전체의 47 % 이상을 함유하였으며 과육 부위, 껍질 부위 순이었다고 하였다(장상문 등 2001).

민간약으로 사용되는 당호박의 물 추출물이 고혈압과 고지혈증에 미치는 영향에 대하여 실험한 결과 흰쥐(약 200g)에게 늙은 호박 추출액을 냉동 건조하여 섭취시켰을 때에 소변을 통해 나트륨 배설량을 증가시키는 효과가 있다고 하였다(이성현 등 1999).

호박물 추출물도 고지방 식이에 의해 상승된 혈중 콜레스테롤과 중성지방의 함량을 각각 20.1%와 35.3% 낮춘 반면 HDL-cholesterol의 함량을 43.1% 증대함으로 고지혈증에 대하여 유의성 있는 억제효과를 나타내었다고 하였다(임종필 2001).

한방에서 산모의 산후 회복에 효과적이라고 알려진 호박을 주원료로 8가지 한방 생약재를 첨가하여 압출액을 산모 50명에게 21일 동안 복용하게 한 결과 적혈구 수치는 분만 직후의 3.56×10^6/mm에서 4.6×10^6/mm로 증가하여 3.9×10^6/mm인 대조군에 비하여 높은 증가효과를 보여주었으며 정상적인 적혈구 범위에 드는 결과를 보여주었다.

그리고 헤모글로빈도 분만 직후 10.35 g/dL에서 복용 21일 만에 12.61 g/dL로 증가하여 대조군인 10.88 g/dL과 비교하였을 때 유의적인 증가효과를 보여주었다(장상문 등 2002).

호박의 성분은 호박 종류별, 호박 과육과 씨, 껍질, 섬유소 등 부위별 일반성분과 지방산, 아미노산 등 비타민, 무기질, 특수 기능 성분 등에 관한 연구들이 발표되었다.

국내에서 연구된 호박의 특수 기능 성분으로는 쓴맛 성분인 cucurbitacin E가 항염증성을 보였으며 A549 암세포의 증식 및 생존율에도 영향을 주어서 A549 암세포의 증식을 억제하였다고 하였다(심후성 등 2008).

그리고 호박의 과피에 함유된 알코올 불용성 다당류가 포도당의 흡수를 지연시키는 효과뿐만 아니라 유해균을 억제하고 유익균의 성장을 촉진하는 기능이 있는 것으로 보고하였다(전현일 2003).

전립선암의 세포사멸을 유도하며, 과증식한 전립선 세포의 수를 감소시키는 것으로 보고된 β-Sitosterol을 분석한 결과 동양계 호박과 단호박보다 페포계 호박에 그 함량이 가장 많은 것으로 보고하였다(노숙령 외 2009).

이 밖에도 숙취 해소 작용과 연관이 많은 것으로 알려진 아스파라긴(asparagine)도 품종 간 차이는 있으나 모든 품종의 호박에 있는 것으로 보고하였다(윤선주 등 2002).

호박을 이용하여 제조·가공한 연구들에는 호박요구르트(Shin YS 등 1993), 호박꿀차(Park YH 1995), 호박술(Ann YG & Lee SK 1996), 호박식초(Keum JH 1999), 호박떡(Yun SJ 1999, Yun SJ & Ahn HJ 2000), 호박고추장(Jeong YJ 등 2001), 호박잼(Song IS 등 2004), 호박죽(Cho HJ 등 1996, Hwang SH 등 2006), 호박 분말(Hwang SH 등 2006), 단호박 스톡(Han 등 2008), 농축 단호박 설기떡(Jeong 등 2008) 등이 보고되고 있다(표 3-1 국내 학술지 호박관련 연구논문 연도별 분야별 정리표 참고).

호박 씨앗은 전통적으로 촌충, 회충약 등으로 사용되어왔는데 호박씨 30~40g을 절구에 잘 으깨서 소량의 물을 넣어 헝겊으로 짜서 복용하거나, 호박씨를 진하게 달여 그 탕을 마시거나 호박씨를 가루로 만들어 따뜻한 물과 함께 먹는다. 생호박을 잘라 먹어도 구충작용이 있어 호박과 호박씨를 같이 먹이면 효과가 크다고 한다.

(2) 국외연구

국외에서 1981년부터 2008년 사이에 발표된 호박관련 연구논문들은 총 120건으로 국내 연구보다 2배 정도 많았다. 효능에 관한 연구가 49편, 성분에 관한 연구가 21편, 생산에 관한 연구가 47편, 조리 및 식품에 관한 연구가 3편 등으로 효능과 생산에 관한 연구가 비슷한 정도로 가장 많았다. 그리고 성분에 관한 연구가 그 다음으로 많았고 조리 및 식품에 관한 연구는 적었다.

국외에서 호박의 효능에 관한 연구는 국내에서 발표된 암, 염증, 항산화, 부종, 고지혈증, 당뇨, 빈혈 관련 연구 외에도 간질환, 고혈압, 기생충, 말라리아, 성장, 위장질환, 전립선 등 다양한 분야에 관한 연구들이 세포 실험과 동물실험 그리고 임상연구 등으로 발표되었다.

아세트아미노펜으로 간 손상이 유도된 쥐에서 호박잎 폴리페놀 추출물이 항산화 작용으로 간을 보호하는 것으로 나타났다(Nwanna EE와 Oboh G 2007).

또한 Nkosi 등(2005)도 저단백식을 급여한 쥐에게 사염화탄소로 간 손상을 일으킨 후 호박(Cucurbita pepo)씨 단백질 추출물을 공급하였을 때에 호박씨 추출물은 급성 간 손상에 해독 효과를 보였다고 하였다.

Nkosi 등(2006)의 다른 연구에서는 호박씨 분리 단백의 투여가 항산화 효과와 함께 단백질 영양실조 및 acetaminophen 중독 완화에도 효과가 있다고 하였다.

Díaz Obregón 등(2004)은 표재성 미란성 위염이 발견된 Weys 쥐에게 호박씨(Cucurbita Maxima) 농축액을 4시간마다 9g/kg씩 투여하였을 때에 편충구충효과를 나타내었다. 호박씨와 빈랑나무 견과 농축액은 숭어의 근육에 있는 이형흡충증(heterophyiasis)에 감염된 물고기를 먹어 감염된 강아지들을 대상으로 한 실험에서 구충효과를 나타냈다(Mahmoud 2002).

박과 식물인 서양계 호박씨로부터 추출한 천연 에탄올 추출물(CEEs)은 말라리아 원충에도 강한 예방 효과를 보여주었다(Amorim 등 1991).

Ezeji 등(1993)은 단백질과 지방이 많이 함유된 호박씨(fluted pumkin seeds)를 기장, bambarra groundnut seeds(땅콩의 일종)와 혼합하여 기능성 이유식(weaning foods)으로 만들어 평가한 연구에서 아이들의 성장을 촉진시킬 것으로 제안하였다.

호박은 위장질환에도 효과를 나타내 아스피린에 의해 유발된 흰쥐의 위와 십이지장의 궤양에 호박과즙 추출물을 14일 동안 투여하였을 때 호박과즙 추출물을 투여한 쥐에서 AP의 활성화, 점막 두께 등의 십이지장 궤양 인자가 감소하여 위, 십이지장 보호 및 궤양 유발 억제 기능을 보였다고 하였다(Sarkar와 Buha 2008).

예로부터 호박의 씨앗을 우려내어 전립선 비대증을 치료하는 데 사용했는데 최근 호박씨가 양성 전립선 비대증(Benign Prostatic Hyperplaisa:BPH) 치료하는 데 활용되고 있다.

Gossell-Williams 등(2006)은 전립선 비대를 유도한 쥐에게 20일 동안 호박씨 기름(체중의 2.0, 그리고 4.0 mg/100g)과 대조군으로 옥수수기름을 경구 투여하였을 때 호박씨 기름이 테스토스테론 증가로 유도된 쥐의 전립선 증대의 관리에 유익한 효과를 나타낼 수도 있다고 하였다.

테스토스테론과 파라조신으로 전립선 비대가 유도된 쥐(50마리) 실험에서도 호박씨유를 경구 투여한 그룹과 Phytosterol-F와 결합된 pumpkin seed oil를 경구 투여한 결과 Pumpkin seed oil과 Phytosterol-F와 결합된 Pumpkin seed oil은 모두 유도된 쥐의 체중대비 전립선 무게와 단백질 합성의 증가를 막을 수 있었다고 하였다(Tsai 등 2006)(표 3-3 국외 학술지 호박관련 연구논문 연도별 분야별 정리표 참고).

서구지역에서는 주로 호박씨의 효능과 성분에 관한 연구들이 많이 발표된 것과 다른 경향으로 우리나라는 호박의 과육과 씨의 성분과 효능, 그리고 제조 및 조리를 모두 연구하는 경향이었다. 따라서 앞으로는 생리활성기능이 높은 호박씨를 이용할 수 있는 품종의 개량과 식품 제조 및 조리 등에 관한 후속연구들이 필요하리라고 본다.

표 3-1 국내 호박관련 학위논문 연도별 분야별 정리표

학위 년도	분야	논문명 / 저자명	대 학
2008	효능	호박 내 항균성 단백질의 분리정제 및 특성규명 / 천문규	경상대 교육대학원
2008	효능	제주산 호박 효소 추출물의 항산화 활성 / 김명철	제주대 산업대학원
2008	효능	호박종자유와 톱야자유 섭취가 한국인의 양성전립선비대증 환자의 배뇨장애증상 개선에 미치는 영향 / 김천수	중앙대 대학원
2008	효능	발아에 의한 호박(Cucurbita moschata) 종실로부터 Cucurbitacin E의 생산 및 생리활성 / 심후성	충남대 대학원
2007	생산	식물생장조정제 처리가 하우스 쥬키니 호박의 착과 및 수량에 미치는 영향 : 의령군 쥬키니 호박 재배를 중심으로 / 강동진	경상대 생명환경대학원
2007	제조	호박 재료 배합비율을 달리한 호박죽의 품질특성 연구 / 김재환	경희대 관광대학원
2006	생산	호박 개약불능형 웅성불임성과 무종피 형질의 유전분석 및 품종육성 / 정종도	경북대 대학원
2006	생산	종간교잡에 의한 조기발현 황색 동양종 호박 육종 연구 / 정만영	서울대 대학원
2005	생산	오이와 호박 뿌리의 저온 내성 유도에 관련된 원형질막 구조 변화 / 허선미	전남대 대학원
2005	생산	저온 시에 오이와 흑종 호박의 수분흡수에 영향하는 활성산소의 작용기작 / 이지예	전남대 대학원
2005	생산	오이와 흑종 호박의 순화과정 중에 일어나는 수분흡수에 미치는 근권저온의 영향 / 노은경	전남대 대학원
2005	제조	호박분 첨가에 의한 반죽의 제빵성 연구 / 임선영	군산대 교육대학원
2005	제조	호박을 첨가한 식혜의 제조방법과 품질 평가 / 김채경	부경대 교육대학원
2005	제조	채소혼합분말을 이용한 베이커리 제품의 특성에 관한 연구 / 김성호	경희대 관광대학원
2005	효능	호박분말식이가 당뇨쥐의 지질대사 및 혈관계합병증에 미치는 영향 / 정윤미	영남대 대학원
2004	생산	박과 채소류의 건묘 육성을 위한 탈종 및 종자처리 / 이승희	경희대 대학원
2004	생산	호박의 품종, 후숙 및 건열처리가 종자 발아에 미치는 영향 / 박수연	경희대 대학원

2004	제조	호박의 혼합비율을 달리하여 제조한 호박양갱의 품질 특성 / 최은미	여수대 대학원
2004	효능	박과류(Cucurbitaceae) 과피에서 추출한 알코올불용성 다당류의 이화학적 특성 / 전현일	전북대 대학원
2003	생산	국내 호박에서 분리한 zucchini yellow mosaic virus의 특성 및 변이 구명/ 권상욱	서울대 대학원
2003	성분	호박씨 기름으로부터 Sterol 성분들의 분석에 관한 연구/ 김천수	서울산업대 산업대학원
2002	성분	호박(Cucurbita moschata DUCH.)씨의 발아 성장 과정 중 성분 변화/ 이병진	충남대 대학원
2002	효능	녹차 및 늙은 호박 분말 첨가에 따른 갓김치의 기능성 증진 연구/ 박민정	부산대 대학원
2001	효능	가물치와 호박 및 생화탕이 산후회복에 미치는 영향/ 강구형	경산대 대학원
2000	생산	오이와 호박의 H+－ATPase와 fatty acid desaturase gene 클로닝 및 promoter 특성/ 김선미	전남대 대학원
2000	생산	호박종자 내 Brassinosteroids와 Sterol 동정 및 생합성에 관한 연구/ 장문석	중앙대 대학원
2000	효능	호박에서 분리한 리보솜 불활성화 단백질의 N-glycosidase 활성 규명/ 이원주	서울대 대학원
1999	생산	전라북도 내 호박과실파리Bactrocera(Paradacus)depressa(Shiraki)의 분포와 생활사/ 김지수	全北大 大學院
1999	생산	오이와 호박의 fatty acid desaturase와 H+－ATPase gene cloning 및 특성 연구/ 노지연	全南大 大學院
1998	생산	오이와 호박 뿌리에 저온 처리 시 원형질막 H+－ATPase 활성도 변화의 기작/ 梁鎔一	全南大 大學院
1998	생산	根圈溫度가 오이, 臺木用 호박 및 接木苗의 生育特性에 미치는 影響/ 정경주	木浦大 大學院
1997	생산	韓國在來種 호박의 生態的 特性, 果實의 品質 및 RAPD를 이용한 品種間 類緣性 究明/ 尹善柱	嶺南大 大學院
1997	생산	저온 처리에 의한 오이와 호박의 원형질막 ATPase 활성도와 막 단백질의 변화/ 허선미	全南大 大學院
1997	생산	호박 리보솜 불활성화 단백질 유전자를 이용한 바이러스 저항성 담배 개발/ 姜旻亨	서울大 大學院
1997	생산	Peatmoss와 vermiculite를 配合한 床土에 소석회 添加가 몇 가지 박과 菜蔬 苗生長 및 無機成分 含量에 미치는 影響/ 李相澤	嶺南大 環境大學院

1997	제조	호박(Pumpkin)을 첨가한 두부 및 두부튀김과자에 관한 조리과학적 연구/ 李定珍	中央大 大學院
1997	제조	호박 및 단호박을 이용한 퓨레의 제조/ 許修珍	慶北大 大學院
1996	생산	호박의 저온저장 중 저온장해의 생리학적 특성 및 그의 억제에 미치는 CA의 효과규명에 관한 연구/ 李敬娥	祥明女大 大學院
1995	생산	熟果用 호박의 定植期와 着果數가 수량 및 품질에 미치는 영향/ 安光福	建國大 農畜大學院
1993	생산	RAPD 기술을 이용한 호박의 종간 및 품종 간 비교 분석/ 전홍정	서울大 大學院
1993	생산	東洋種 호박의 矮性化를 위한 種間交雜에 있어서 胚珠培養條件과 主要形質의 遺傳/ 洪珪鉉	서울大 大學院
1993	성분	L-Ascorbate 정량을 위한 호박 조직 센서의 제조/ 강수정	서울女大 大學院
1993	제조	호박을 이용한 Jam 製造에 관한 연구/ 方孝弼	高麗大 自然資源大學院
1992	생산	호박에 發生한 수박모자이크 바이러스의 系統分類 및 花粉傳染에 대하여/ 朴宰成	慶北大 大學院
1992	성분	호박의 건조과정 중 Invertase 활성과 유리당 성분의 변화에 관한 연구/ 金伶宣	高麗大 大學院
1991	생산	植物 生長調整劑 處理가 호박栽培品種의 果實着果 및 肥大에 미치는 영향/ 張錫禹	建國大 大學院
1990	생산	胚培養에 의한 호박의 大量繁殖과 種間雜種 植物의 生産/ 徐英基	忠北大 大學院
1990	제조	호박粉末 添加에 의한 製麵適性에 관한 연구/ 辛仙永	高麗大 食糧開發大學院
1990	제조	토마토-호박 混合 케첩 製造에 관한 연구/ 金榮杓	高麗大 食糧開發大學院
1986	생산	循環式 低溫養液栽培에서 窒素源이 오이와 호박의 生育에 미치는 영향/ 李春男	전남대 교육대학원
1986	성분	조선호박(Cucurbita moschata)씨 글로불린의 분리정제에 관한 연구/ 朴倫成	동국대
1985	성분	호박씨 脂質成分의 系統分析/ 宋根燮	전북대
1968	생산	栽培호박의 種間 雜種에 대한 연구/ 成一藏	서울대

표 3-2 국내 학술지 호박관련 연구논문 연도별 분야별 정리표

발행 년도	분야	기사명/저자명	수록지명	발행자
2009	효능	호박찜 추출물의 보충섭취가 여대생의 혈중 지질과 혈당에 미치는 영향 / 노숙령, 윤미은	대한영양사협회 학술지 15(4):343-355	대한영양사협회 학술지
2008	효능	발아 호박씨로부터 cucurbitacin E의 분리정제 및 항암, 항염증 활성 /심후성, 장병철, 박혜민, 정병용, 오만진	한국식품영양과학회지. 제37권 제7호(2008년 7월), p.834~840	韓國食品營養科學會
2008	품질	농축단호박 분말을 대체한 하드롤 빵의 품질특성 /이찬호, 전순실, 김문용	한국식품영양과학회지. 제37권 제7호(2008년 7월), p.914~920	韓國食品營養科學會
2007	품질	쌀가루를 농후제로 사용한 호박 크림수프의 품질 특성 /오영섭, 최수근, 나영아	한국조리학회지. 제13권 제3호 통권 34호(2007년 9월), p.44~53	한국조리학회
2006	품질	건조 방법에 따른 호박 분말 및 죽의 품질 특성 /황성희, 정헌식, 윤광섭	東아시아食生活學會誌. 제16권 제2호(2006. 4), p.180~185	東아시아食生活學會
2005	효능	채소류 약리적 특성과 민간요법에 관한 역사적 고찰 :과채류(수박, 참외, 호박, 오이) 편 /임용섭	최신원예. 제46권 제6호 통권 483호(2005. 11·12), p.44~47	세미니스코리아
2005	효능	단호박과 늙은 호박의 영양성분 및 항산화활성 비교 /김성란, 하태열, 송효남, 김윤숙, 박용곤	한국식품과학회지. 제37권 제2호(2005. 4), p.171~177	한국식품과학회
2005	성분	단호박과 늙은 호박의 영양성분 및 항산화활성 비교 /김성란, 하태열, 송효남, 김윤숙, 박용곤	한국식품과학회지. 제37권 제2호(2005. 4), p.171~177	한국식품과학회
2004	효능	늙은 호박 추출물의 생리활성효과 / 안봉전, 이진태, 곽재훈, 박정미, 이진영, 박태순, 손준호, 이임식, 윤숭섭	大韓本草學會誌 제19권 제2호(2004. 6) p.1~7	大韓本草學會
2004	생산	호박의 흰가루병 저항성, 쓴맛, 과피경도 및 과형의 유전 /조명철, 엄영현, 허윤찬, 김정수, 박효근	韓國育種學會誌. 제36권 제5호(2004. 12), p.271~275	韓國育種學會
2004	성분	한국재래종 호박 완숙과의 섬유질, 단백질 및 아미노산 함량 비교분석 / 윤선주, 전하준, 강선철	한국응용생명화학회지. 제47권 제4호(2004. 12), p.403~408	한국응용생명화학회
2004	제조	건조단호박 제조를 위한 삼투건조공정의 최적화 /나경민 外著	한국식품영양과학회지 제33권 제2호(2004. 2) p.433~438	韓國食品營養科學會

2004	조리	조리 방법에 따른 호박 중의 클로로필과 카로틴 함량 변화 /김동석, 小机信行, 김미향	東아시아食生活學會誌. 제14권 제6호(2004. 12), p.618~624	東아시아食生活學會
2004	품질	호박이 첨가된 발아현미 식빵의 품질 특성 /주선종, 김기식, 윤향식, 홍지선, 김숙종	한국식품저장유통학회지. 제11권 제4호 (2004. 12), p.503~507	한국식품저장유통학회
2004	품질	청동호박과 단호박을 첨가한 크림수프의 품질 특성 /김정미, 노용환, 유양자	한국식품영양과학회지 제33권 제6호 (2004. 7) p.1028~1033	韓國食品營養科學會
2003	성분	호박(Cucurbita moschata DUCH.)종실의 발아 성장 과정 중 성분 변화 /이병진 外著	한국식품저장유통학회지 제10권 제4호(2003. 12) p.527~533	한국식품저장유통학회
2003	조리	늙은 호박 추출물 음료 배합비의 모니터링 /윤선주, 김경은, 정용진	한국식품저장유통학회지 제10권 제3호(2003. 9) p.308~313	한국식품저장유통학회
2003	조리	효소제 처리에 따른 늙은 호박의 추출 특성 /윤선주, 김경은, 정용진	한국식품저장유통학회지 제10권 제3호(2003. 9) p.302~307	한국식품저장유통학회
2002	효능	호박 및 한방생약재 추출액이 마우스 혈액성상에 미치는 영향 /장상문 外著	식품산업과 영양 vol.7 no.1 (2002. April) p.40~44	한국식품영양과학회
2002	효능	호박 추출물의 항산화연구 /최병범, 이진순, 김동원	論文集 제25집(2002. 8) 자연과학 p.97~105	信興大學
2002	효능	한국 재래종 완숙호박의 품질 특성 /윤선주 外著	한국식품저장유통학회지 제 9권 제1호(2002. 3) p.14~18	한국식품저장유통학회
2002	성분	단호박과 국수호박의 과실발달에 따른 탄수화물 축적과 효소 활성 변화 /강남준 外著	韓國園藝學會誌 제43권 제 5호 (2002. 10) p.571~574	한국원예학회
2002	전망	오이·호박 동향과 전망 /김연중, 김은주	새농사 제 9권 제10호 통권 98호 (2002. 10) pp.47~60	전국농업기술자협회
2001	효능	갓김치의 녹차 및 늙은 호박분말 첨가에 따른 발효특성 /박민정, 전영수, 한지숙	김치의 과학과 기술 제 7권 (2001. 12) p.62~68	부산대학교 김치연구소
2001	효능	녹차 및 늙은 호박분말 첨가에 따른 갓김치의 항산화 효과 /박민정, 전영수, 한지숙	한국식품영양과학회지 제 30권 제6호(2001. 12) p.1053~1059	韓國食品營養科學會
2001	효능	호박물 추출물이 부종 및 고지혈증에 미치는 영향 /임종필, 최훈	韓國藥用作物學會誌 제9권 제4호(2001. 12) p.280~283	韓國藥用作物學會

2001	효능	녹차 및 늙은 호박분말 첨가에 따른 갓김치의 항산화 효과 /박민정, 전영수, 한지숙	김치의 과학과 기술 제7권 (2001. 12) p.69~75	부산대학교 김치연구소
2001	효능	가물치와 호박 및 生化湯이 산후회복에 미치는 영향 /강구형 外著	동의생리병리학회지 제15권 제3호(2001. 6) p.449~454	대한동의생리학회·대한동의병리학회
2001	성분	호박씨의 이화학적 특성 /김현오 外	産業技術硏究 10(2001.2) p.15~27	長安大學産業技術硏究所
2001	성분	늙은 호박의 부위별 성분 비교 /장상문 外著	한국식품영양과학회지 제30권 제6호(2001. 12) p.1038~1040	韓國食品營養科學會
2001	제조	단호박을 이용한 반고형 이유식의 제조 /박현경 外著	한국식품영양과학회지 제30권 제6호 (2001. 12) p.1108~1114	韓國食品營養科學會
2001	조리	갓김치의 녹차 및 늙은 호박분말 첨가에 따른 발효특성 /박민정 外	한국식품영양과학회지 30,2(2001.4) p.215~221	韓國食品營養科學會
2001	조리	반응표면분석에 의한 호박벌꿀고추장의 담금조건 설정 /정용진 外著	한국식품영양과학회지 제30권 제6호 (2001. 12) p.1102~1107	韓國食品營養科學會
2000	품질	호박을 첨가하여 제조한 고추장의 숙성 중 성분 변화 및 관능적 특성 /주종재·신현주	한국식품과학회지152(2000.8) p.851-859	한국식품과학회
1999	조리	늙은 호박을 이용한 편의식품 연구 /한귀정	농촌생활과학. 제20권 제3호 통권79호(1999. 9), p.26-31	농촌진흥청 농촌생활연구소
1998	효능	동결건조 호박의 기능 특성 /이용우·김태수	논문집 24('98.12) p.193~198	동의공업대학
1998	효능	호박분말이 Sprague-Dawley 흰쥐에서 인위적으로 유발한 위암 및 유선암에 미치는 영향 /최창본 外	한국식품영양과학회지 27, 5('98.10) p.973~979	韓國食品營養科學會
1998	생산	南部地域에서의 輸出用 밤호박의 栽培法에 關한 硏究 /林在夏 外	園藝作物硏究論文集 : 40, 2('98.12) p.120~124	農村振興廳
1998	성분	호박즙의 부재료(생강, 양파, 대추, 구기자)첨가에 따른 저장 중의 이화학적 성분변화 /오봉윤, 박복희	한국식품영양과학회지 27, 6('98.12) p.1027~1033	韓國食品營養科學會
1998	제조	호박식초의 개발 /조학래, 허성호	논문집 24('98.12) p.199~202	동의공업대학
1997	성분	미숙호박과 완숙호박의 화학성분 /조규성	한국식품과학회지 135('97.8) p.657~662	한국식품과학회
1997	성분	늙은 호박의 부위별 화학성분 /박용곤 外	한국식품영양과학회지 26, 4('97.8) p.639~646	韓國食品營養科學會
1997	성분	저장 중 호박분말의 카로테노이드 색소 변화 /박용곤 外	한국식품영양과학회지 26, 1('97.2) p.32~36	韓國食品營養科學會

1997	제조	늙은 호박과 한봉꿀을 이용한 음료 제조 /정기태 外	園藝作物硏究論文集 39,2('97.12) p.127~131	農村振興廳
1996	생산	호박및 수박의 採種方法 改善에 관한 硏究 /金炳云·尹鍾大	목포대학교 논문집 17,1('96.6) p.231~239	목포대학교
1996	성분	재래종 호박과 호박씨의 지질성분에 관한 연구 /김주남	論文集 25('96.12) p.159~166	嶺南專門大學
1996	제조	Saccharomyces cerevisiae를 이용한 호박분말의 알코올발효 특성 /이상목·조규성	韓國營養食糧學會誌 25,3('96.6) p.513~518	韓國營養食糧學會
1996	제조	호박과 칡을 이용한 加工食品 開發 /崔今珠 外	農業科學論文集 38,2('96.12) p.826~829	農村振興廳
1995	생산	熟果用 호박의 定植期와 着果數가 收量 및 品質에 미치는 影響 /安光福 外	農業科學論文集 37,1('95.6) p.356~362	農村振興廳
1995	제조	채소음료의 소재와 가공기술 및 연구동향 /박용곤	食品技術 8,3('95.9) p.59~68	韓國食品開發硏究院
1995	조리	호박꿀차의 개발 연구 /박영희	韓國營養食糧學會誌 24,4('95.8) p.625~630	韓國營養食糧學會
1994	성분	한국 호박의 지방산 조성 /남현근, 고대희	한국식품영양학회지 7,2('94.6) p.95~99	한국식품영양학회
1993	생산	熟果用호박 재배기술 /안광복	연구와지도 159('93.12) p.34~36	農村振興廳
1993	생산	生長調整劑 處理가 호박의 着果,收量 및 品質에 미치는 影響 /林炯基 外	農業科學論文集 35,1('93.6) p.490~494	農村振興廳
1993	제조	고구마와 호박을 첨가한 요구르트 제조에 관한 연구 /신용서 外	한국식품과학회지 113('93.12) p.666~671	한국식품과학회
1991	생산	子葉切斷 處理가 호박의 幼苗生育에 미치는 影響 /김익준·金炅濟	大學院硏究論集 21('91.12) pp.289~298	동국대학교대학원
1991	성분	호박의 이화학적 특성 /박용곤	食品技術. 4,4(1991. 12), p.17~23	韓國食品開發硏究院
1990	조리	호박의 調理加工法 開發 /辛仙永 外	農事試驗硏究論文集 32,3('90.12) p.39~45	農村振興廳
1989	생산	호박 單爲結果性 材料 探索 /嚴榮鉉·洪珪鉉	農事試驗硏究論文集 : 31,1('89.6) p.30~33	農村振興廳
1986	생산	호박 無種皮形質의 遺傳分析 /嚴榮鉉 外	農事試驗硏究論文集 : 28,2('86.12) p.37~38	農村振興廳
1986	성분	가지, 오이, 호박의 營養과 調理法 /安喜洙	식품과 영양 26('86.5) p.36~38	農村振興廳農村營養改善硏修院

표 3-3 외국 학술지 호박관련 연구논문 연도별 분야별 정리표

발행 연도	분야	기사명/저자명	수록지명	발행자
2008	효능	Characterization of esterases from Cucurbita pepocv."Eskandrani". / Fahmy AS, Abo-Zeid AZ, Mohamed TM, Ghanem HM, Borai IH, Mohamed SA.	Bio resour Technol.99 (2):437-43.	PMID:17321740
2008	효능	Effect of ripe fruit pulp extract of Cucurbita pepo Linn. in a spirin induced gastric and duodenal ulcer in rats. /Sarkar S,BuhaD.	Indian J Exp Biol.46 (9):639-45.	PMID:18949893
2008	효능	In vitro effects of Cucurbita moschata seed extracts on Haemonchus contortus. / Marie-Magdeleine C, Hoste H, Mahieu M, Varo H, Archimede H.	Vet Parasitol.	PMID: 19135803
2008	효능	Supplementation with pumpkin seed oil improve splasma lipid profile and cardiovascular outcomes of femalenon-ovariectomized and ovariectomized Sprague-Dawley rats. /Gossell-Williams M, Lyttle K, Clarke T, Gardner M, Simon O.	Phyto ther Res.22 (7):873-7.	PMID:18567058
2008	효능	Influence of food acidulants and antioxidant spices on the bioaccessibility of beta-carotene from selected vegetables. /Veda S, Platel K, Srinivasan K.	J Agric Food Chem.24;56(18) :8714-9.	PMID:18729454
2008	생산	Effect of application timing and method on efficacy and phytotoxicity of 1,3-D,chloropicrin and meta m-sodium combinations in squash plasticulture./Desaeger JA, Seebold KW, Csinos AS.	Pest Manag Sci.64(3) :230-8.	PMID:18181144
2008	생산	Senescence progression in asingle darkened cotyledon depends on the light status of the other cotyledon in Cucurbitapepo(zucchini) seedlings:potential involvement of cytokinins and cytokininoxidase/dehydrogenaseactivity./Ananieva K, Ananiev ED, Doncheva S, Georgieva K, Tzvetkova N, Kamínek M, Motyka V, Dobrev P, Gajdosová S, Malbeck J.	Physiol Plant.134(4) :609-23.	PMID:18823328
2008	생산	Differential effects of methyljasmonate on growth and division of etiolated zucchinicotyledons./ Stoynova-Bakalova E, Petrov PI, Gigova L, Baskin TI.	Plant Biol.10 (4):476-84.	PMID:18557907
2008	생산	Enzymatic detection of mercuricions in ground-water from vegetable wastes by immobilizing pumpkin(Cucumismelo)urease in calcium alginate beads. Prakash O, Talat M, Hasan SH, Pandey RK.	Bioresour Technol.99 (10):4524-8.	PMID:17933526
2008	조리	Effects of different cooking methods on nutritional and physicochemical characteristics of selected vegetables. Miglio C, Chiavaro E, Visconti A, Fogliano V, Pellegrini N.	J Agric Food Chem.56(1) :139-47.	PMID:18069785

2008	식품	Degradation of total carotenoids and texture in frozen pumpkins when kept for storage under varying conditions of time and temperature. Dutta D, RayChaudhuri U, Chakraborty R.	Int J Food Sci Nutr. 8:1-10.	PMID:18608564
2007	효능	Antioxidant and hepato protective properties of polyphenol extracts from Telfairiaoccidentalis(flutedpumpkin) leaves on acetaminophen induced liver damage. Nwanna EE, Oboh G.	Pak J Biol Sci.10(16):2682-7.	PMID:19070082
2007	효능	Hypolipidemic effect of Telfairia occidentalis (fluted pumpkin) in rats fed a cholesterol-rich diet. /Adaramoye OA, Achem J, Akintayo OO, Fafunso MA.	J Med Food. 10(2):330-6.	PMID:17651070
2007	효능	Impact of daily consumption of ironfortified ready-to-eat cereal and pumpkin seed kernels(Cucurbitapepo) on serum iron in adult women. /Naghii MR, Mofid M.	Biofactors.30(1):19-26.	PMID:18198398
2007	효능	Ectopic expression of a foreign aquaporindisrupts then atural expression patterns of endogenous aquaporingenes and alter splant responses to different stress conditions. /Jang JY, Rhee JY, Kim DG, Chung GC, Lee JH, Kang H.	Plant Cell Physiol.48(9):1331-9.	PMID:17675323
2007	효능	Protein-source tryptophan as an efficacious treatment for social anxiety disorder:apilotstudy. /Hudson C, Hudson S, MacKenzie J.	Can J Physiol Pharmacol.85(9):928-32.	PMID:18066139
2007	효능	Chemical composition and antioxidant activity of an acidic polysaccharide extracted from Cucurbita moschata Duchesne exPoiret. /Yang X, Zhao Y, Lv Y.	J Agric Food Chem.55(12):4684-90.	PMID:17511465
2007	생산	Ultrasonic treatment stimulates multiple shoot regeneration and explant enlargement in recalcitrant squash cotyledonex plants in vitro. Ananthakrishnan G, Xia X, Amutha S, Singer S, Muruganantham M, Yablonsky S, Fischer E, Gaba V.	Plant Cell Rep.26(3):267-76.	PMID:17021848
2007	생산	Metabolic dependence of cooling-induced action potential generation in excitable cells of pumpkin stem. / Vodeneev VA, Piatygin SS.	Tsitologiia.49(11):973-6.	PMID:18217365
2007	생산	Surfactants differential lyimpactp,p'-DDE accumulation by plant and earthworm species./ White JC, Peters R, Kelsey JW.	Environ Sci Technol. 41(8):2922-9.	PMID:17533859

2007	생산	Ascorbicacidoxidase is dynamically regulated by light and oxygen. A tool for oxygen management in plants? De Tullio MC, Ciraci S, Liso R, Arrigoni O.	J Plant Physiol. 164(1):39-46.	PMID:16343690
2007	생산	Effects of rootexudates from cucumber and squash on fusarium wiltoccurrence./ Huang BL, Xu YD, Wu Y, Zhang SQ, Chen XH.	Ying Yong Sheng Tai Xue Bao.18 (3):559-63.	PMID:17552193
2007	생산	Physiological and metabolic changes of Cucurbitapepo leaves in responseto zucchini yellow mosaic virus(ZYMV)infection and salicylicacid treatments. /Radwan DE, Fayez KA, Mahmoud SY, Hamad A, Lu G.	Plant Physiol Biochem.45 (6-7):480-9.	PMID:17466528
2007	생산	The effect of stempruning and nitrogen levels of onsome physico-chemical characteristics of pumpkin seed(Cucurbitapepo L.). Gholipouri A, Nazarnejad H.	Pak J Biol Sci.10(20) :3726-9.	PMID:19093491
2007	생산	Pollinator and herbivore attraction to cucurbita floral volatiles./Andrews ES, Theis N, Adler LS.	J Chem Ecol. 33(9) :1682-91.	PMID:17659427
2007	생산	Methyljasmonateisa more effective senescence-promoting factorin Cucurbitapepo(zucchini)cotyledons when compared with darkness attheearly stage of senescence. Ananieva K, Ananiev ED, Mishev K, Georgieva K, Malbeck J, Kamínek M, VanStaden J.	J Plant Physiol. 164(9) :1179-87.	PMID:16987568
2006	효능	Studies on the cytotoxicity of cucurbitacins isolated from Cayaponiaracemosa(Cucurbitaceae)./ Dantas IN, Gadelha GC, Chaves DC, Monte FJ, Pessoa C, deMoraes MO, Costa-Lotufo LV.	Z Naturforsch [C].61 (9-10):643-6.	PMID:17137107
2006	효능	Antihyperglycemic effect of Cucurbita ficifolia fruit extract in streptozotocin-induceddiabeticrats. /Xia T, Wang Q.	Fitoterapia.	PMID:16905276
2006	효능	In Vitro antioxidative activity of pumpkin seed(Cucurbitapepo) protein isolate and its InVivo effect on alanine transaminase and aspartate transaminase in acetaminophen-induced liver injury in low protein fed rats. /Nkosi CZ, Opoku AR, Terblanche SE.	Phytother Res.20(9) :780-3.	PMID:16807884
2006	효능	Pumpkin seed oil a nd phytosterol-F can block testosterone/prazosin-induced prostate growth in rats./Tsai YS, Tong YC, Cheng JT, Lee CH, Yang FS, Lee HY.	Urol Int.77 (3):269-74.	PMID:17033217

2006	효능	Effect of herbal extract mixture on menopausal urinary incontinence in ovariectomized rats. Lee YH, Hyun SH, Choung SY.	Biofactors.26 (3):171-8.	PMID:16971748
2006	효능	Extracts from Pygeumafricanum and other ethnobotanical species with antiandrogenic activity. Schleich S, Papaioannou M, Baniahmad A, Matusch R.	Planta Med. 72(9):807-13.	PMID:16783690
2006	효능	Inhibition of testosterone-induced hyperplasia of the prostate of sprague-dawley rats by pumpkin seed oil. Gossell-Williams M, Davis A, O'Connor N.	J Med Food. 9(2):284-6.	PMID:16822218
2006	효능	D-chiro-inositol found in Cucurbita ficifolia(Cucurbitaceae) fruit extracts plays the hypoglycaemic role in s treptozocin-diabeticrats./Xia T, Wang Q.	J Pharm Pharmacol.58 (11):1527-32.	PMID:17132216
2006	생산	Compensatory capsidprote in mutations in cucumber mosaic virus confersystemic infectivity in squash(Cucurbitapepo)./ Thompson JR, Doun S, Perry KL.	J Virol.80 (15):7740-3.	PMID:16840352
2006	생산	Soil treatment with hotair(Cultivit)as alternative to methylbromide./ Runia WT, Molendijk LP, Neophytou G, Greenberger A.	Commun Agric Appl Biol Sci.71 (2PtA):185-92	PMID:17390791
2006	생산	Effect of plant growth on dehydration rates and microbial populations in sewage biosolids. Crush JR, Sarathchandra U, Donnison A.	Bioresour Technol.97 (18):2447-52.	PMID:16797975
2006	생산	Soilamendments, plantage, and intercropping impactp,p'-DDE bioavailability to Cucurbita pepo. White JC, Parrish ZD, Gent MP, Iannucci-Berger W, Eitzer BD, Isleyen M, Mattina MI.	J Environ Qual. 35(4) :992-1000.	PMID:16738383
2006	생산	Ectopic expression of pumpkin gibberellin oxidasesalters gibberellin biosynthesis and development of transgenic Arabidopsis plants. Radi A, Lange T, Niki T, Koshioka M, Lange MJ.	Plant Physiol. 140(2) :528-36.	PMID:16384902
2006	생산	Effect of mycorrhizal fungi on the phytoextraction of weatheredp,p-DDE by Cucurbitapepo. White JC, Ross DW, Gent MP, Eitzer BD, Mattina MI.	J Hazard Mater.137(3) :1750-7.	PMID:16777321
2006	생산	Influence of citricacidamendments on the availability of weathered PCBs to plant and earthworm species. White JC, Parrish ZD, Isleyen M, Gent MP, Iannucci-Berger W, Eitzer BD, Kelsey JW, Mattina MI.	Int J Phytoremediation.8 (1):63-79.	PMID:16615308

2005	효능	Inhibition of intramolecular electron transferinascorbate oxidase by Ag+:redoxstate dependent binding. Santagostini L, Gullotti M, Hazzard JT, Maritano S, Tollin G, Marchesini A.	J Inorg Biochem.99(2):600-5.	PMID:15621294
2005	효능	Mexican plants with hypoglycaemic effect used in the treatment of diabetes. Andrade-Cetto A, Heinrich M.	J Ethnopharmacol.99(3):325-48.	PMID:15964161
2005	효능	Allelopathic effects of cultured Cucurbita moschata root exudates/Li M, Ma Y, Shui J.	YingYongShengTaiXueBao.16(4):744-9	PMID:16011180
2005	효능	Effect of pumpkin seed (Cucurbita pepo) protein isolate on the activity levels of certain plasma enzymes in CCl4-induced liver injury in low-protein fed rats. /Nkosi CZ, Opoku AR, Terblanche SE.	Phytother Res.19(4):341-5.	PMID:16041732
2005	효능	Effects of protein-bound polysaccharide isolated from pumpkin on insulin in diabeticrats. / Quanhong L, Caili F, Yukui R, Guanghui H, Tongyi C.	Plant Foods Hum Nutr. 60(1):13-6.	PMID:15898354
2005	생산	Influence of UV-Bexclusion and selenium treatment on photochemical efficiency of photosystemII, yield and respiratory potential in pumpkins(CucurbitapepoL.). Germ M, Kreft I, Osvald J.	Plant Physiol Biochem.43(5):445-8.	PMID:15949721
2005	생산	Multigenerational effects of inbreeding in Cucurbitapepo ssp.texana(Cucurbitaceae). Hayes CN, Winsor JA, Stephenson AG.	Evolution.59(2):276-86.	PMID:15807414
2005	생산	Squash xylemsaphasactivities that inhibit proliferation and promote the elongation of tobacco BY-2cell protoplasts. Kuroha T, Sakurai M, Satoh S.	Plant Physiol Biochem.43(5):465-71.	PMID: 15890518
2005	생산	Environmental variation influences the magnitude of inbreeding depression in Cucurbitapepo ssp.texana(Cucurbitaceae). Hayes CN, Winsor JA, Stephenson AG.	J Evol Biol. 18(1):147-55.	PMID:15669971
2005	생산	Multi-species interactions impact the accumulation of weathered 2,2-bis(p-chlorophenyl)-1,1-dichloroethylene(p,p'-DDE) from soil. Kelsey JW, White JC.	Environ Pollut.137(2):222-30.	PMID:15913856
2004	효능	Preclinical studies of cucurbita maxima(pumpkinseeds) a traditional intestinal antiparasiticin rural urban areas] DíazObregón D, LlojaLozano L, CarbajalZúñiga V.	Rev Gastroenterol Peru.24(4):323-7.	PMID:15614300

2004	효능	An open-label study of administration of EH0202,a health-food additive, to patients with chronic hepatitis C. Kaji K, Yoshida S, Nagata N, Yamashita T, Mizukoshi E, Honda M, Kojima Y, Kaneko S.	J Gastro enterol.39(9):873-8.	PMID:1556 5407
2004	효능	Use of tykveolin the treatment of impaired biliary tract function in patients with chronicnon-calculous cholecystitis] VakhrushevIa M, Petrova LI.	Klin Med (Mosk).82 (10):49-51.	PMID:1558 4601
2004	생산	Influence of Bemisia argentifolii(Homoptera:Aleyrodidae) infestation and squash silver leaf disorder on zucchini seedlin g growth. McAuslane HJ, Chen J, Carle RB, Schmalstig J.	J Econ Entomol.97(3):1096-105.	PMID:1527 9296
2004	생산	Measuring effects of music, noise, and healing energy using a seed germination bioassay. Creath K, Schwartz GE.	J Altern Complement Med.10(1):113-22.	PMID:1502 5885
2004	식품	Test forurokinase-type plasminogenactivator inhibitor of edib le plants in vitro] Fan YJ, Ohara A, Matsuhisa T.	Zhong hua Y uFang YiXue ZaZhi.38(4):2 52-6.	PMID:1531 2585
2003	효능	Bimodal distribution of fasting gastric acidity in a rural Af rican population. /Sammon AM, Mguni M, Mapele L, Awo tedu KO, Iputo JE.	S Afr Med J.93(10):786-8.	PMID:1465 2973
2003	효능	Synergic effect studies of the bi-enzymatic system laccase-p eroxidase in avoltammetric biosensor for catecholamines./Lei te OD, Lupetti KO, Fatibello-Filho O, Vieira IC, BarbosaA de M.	Talanta. 10 ;59(5):889-96.	PMID: 189 68977
2003	효능	Antidiabetic herbal drugs of ficially approved in China. Jia W, Gao W, Tang L.	Phytother Res.17(10):1127-34.	PMID:1466 9243
2003	생산	Effect of various temperatures on phosphatidyl glycerol bio synthesis in thylakoid membranes. Xu YN, Wang ZN, Jiang GZ, LiL B, Kuang TY.	Physiol Plant. 118(1):57-63.	PMID:1270 2014
2003	생산	Dithiol oxidant and disulfide reductant dynamically regulate the phosphorylation of light-harvesting complex II protein s inthylakoid membranes. Martinsuo P, Pursiheimo S, Aro EM, Rintamäki E.	Plant Physiol. 133(1):37-46.	PMID:1297 0473
2003	생산	Invivomonitoring of chlorophyll fluorescence response to lo w-dose gamma-irradiation in pumpkin(cucurbitapepo) leaves. Jovanić BR, Dramićanin MD.	Luminescenc e.18(5):274-7.	PMID:1458 7079

2003	생산	Role of organic acids in enhancing the desorption and uptake of weathered p,p'-DDE by Cucurbitapepo./White JC, Mattina MI, Lee WY, Eitzer BD, Iannucci-Berger W.	Environ Pollut.124(1):71-80.	PMID:12683984
2002	효능	Treatment of experimental heterophyiasis with two plant extracts, arecanut and pumpkin seed. Mahmoud LH, Basiouny SO, Dawoud HA.	J Egypt Soc Parasitol. 32(2):501-6,	PMID:12214927
2002	효능	Evaluation of the hypoglycemic effect of Cucurbita ficifolia Bouché(Cucurbitaceae) in different experimental models./Alarcon-Aguilar FJ, Hernandez-Galicia E, Campos-Sepulveda AE, Xolalpa-Molina S, Rivas-Vilchis JF, Vazquez-Carrillo LI, Roman-Ramos R.	J Ethnopharmacol.82(2-3):185-9.	PMID:12241994
2002	생산	Screening for effects of phytochemical variability on cytoplasmic proteinsynthesis pattern of crop plants. Romero-Romero T, Anaya AL, Cruz-Ortega R.	J Chem Ecol.28(3):617-29.	PMID:11944837
2002	생산	Effect of infiltrated polyamines on polygalacturonase activity and chilling injury responses in zucchini squash(Cucurbita pepoL.). Martínez-Téllez MA, Ramos-Clamont MG, Gardea AA, Vargas-ArispuroI.	Biochem Biophys Res Commun.295(1):98-101.	PMID:12083773
2002	생산	Effect of pectic oligomers on physiological responses of chilling injury indiscsexcised from zucchini(CucurbitapepoL.). Balandrán-Quintana RR, Mendoza-Wilson AM, Alvarez-Manilla G, Bergmann CW, Vargas-Arispuro I, Martínez-Téllez MA.	Biochem Biophys Res Commun.290(1):577-84.	PMID:11779211
2002	생산	Cell division and cell enlargement in isolated Cucurbitacotyledons grown in darkness and in light./Stoynova-Bakalova E, Petrov P, Tsukaya H.	J Plant Res. 115(5):375-80.	PMID:12579362
2001	효능	Increase in serum beta-carotene following dark green leafy vegetable supplementation in Mebendazole-treated school children in Bangladesh./PerssonV,Ahmed F, Gebre-Medhin M, Greiner T.	Eur J Clin Nutr.55(1):1-9.	PMID:11303489
2001	효능	Nutritional quality of germinated cowpeaflour(Vignaunguiculata) and its application in home prepared powdered weaning foods. Jirapa P, Normah H, Zamaliah MM, Asmah R, Mohamad K.	Plant Foods Hum Nutr. 56(3):203-16.	PMID:11442221
2001	효능	Hypoglycemic action of Cucurbita ficifolia on Type 2 diabetic patients with moderately high blood glucose levels. Acosta-Patiño JL, Jiménez-Balderas E, Juárez-Oropeza MA, Díaz-Zagoya JC.	J Ethnopharmacol. 2001Sep;77(1):99-101.	PMID:11483384

2001	생산	UV-C irradiation reduces microbial populations and deterioration in Cucurbita pepo fruit tissue. Erkan M, Wang CY, Krizek DT.	Environ Exp Bot.45 (1):1-9.	PMID:11165626
2001	생산	Evaluation of pumpkin seed products for bread fortification. El-Soukkary FA.	Plant Foods Hum Nutr. 56(4):365-84	PMID:11678442
2001	생산	Disulfide bond effects on protein stability: designed variants of Cucurbita maxima trypsininhibitor-V. Zavodszky M, Chen CW, Huang JK, Zolkiewski M, Wen L, Krishnamoorthi R.	Protein Sci. 10(1):149-60.	PMID:11266603
2001	생산	Production of dwarflettuce by over expressing a pumpkin gibberellin20-oxidase gene. Niki T, Nishijima T, Nakayama M, Hisamatsu T, Oyama-Okubo N, Yamazaki H, Hedden P, Lange T, Mander LN, Koshioka M.	Plant Physiol. 126(3):965-72.	PMID:11457947
2000	효능	Inhibition of serine proteinases from human blood clotting system by squash inhibitor mutants. Grzesiak A, Buczek O, Petry I, Szewczuk Z, Otlewski J.	Biochim Biophys Acta.1478(2):318-24.	PMID:10825543
2000	효능	Conservative mutation Met8 Leu affects the folding process and structural stability of squash trypsin inhibitor CMTI-I. Zhukov I, Jaroszewski L, Bierzyński A.	Protein Sci.9 (2):273-9.	PMID:10716179
2000	효능	Pumpkin-seed oil modulates the effect of felodipine and captoprilin spontaneously hypertensive rats. Zuhair HA, AbdEl-Fattah AA, El-Sayed MI.	Pharmacol Res.41(5):555-63.	PMID:10753555
2000	생산	Quiescent intense (qi): a gene that affects young but not mature fruit color intensity in Cucurbita pepo. Paris HS.	J Hered.91(4):333-9.	PMID:10912682
2000	생산	Reflective and black mulch increase yield in pumpkins under virus disease pressure. Brust GE.	J Econ Entomol.93(3):828-33.	PMID:10902337
2000	생산	Induction of dwarfismin transgenic Solanumdulcamarabyover-expression of agibberellin20-oxidasecDNA from pumpkin. Curtis IS, Ward DA, Thomas SG, Phillips AL, Davey MR, Power JB, Lowe KC, Croker SJ, Lewis MJ, Magness SL, Hedden P.	Plant J.23(3):329-38.	PMID:10929126

2000	성분	Characterization of cucurbita maxima phloemserpin-1(CmPS-1). A developmentally regulated elastase inhibitor. Yoo BC, Aoki K, Xiang Y, Campbell LR, Hull RJ, Xocon ostle-Cázares B, Monzer J, Lee JY, Ullman DE, Lucas WJ.	J Biol Chem. 10;275(45):35 122-8	PMID:1096 0478
2000	성분	Permeability and channel-mediated transport of boric acid a cross membrane vesicles isolated from squash roots. Dordas C, Chrispeels MJ, Brown PH.	Plant Physiol. 124(3):1349-6 2.	PMID:1108 0310
1999	성분	Changes in nitrogenous and other chemical constituents, pr-otein fractions and in vitro protein digestibility of germinat-ing fluted pumpkin(Telfairia occidentalis Hook) seed. Giami SY, Chibor BS, Edebiri KE, Achinewhu SC.	Plant Foods Hum Nutr. (4):333-42.	PMID:1054 0985
1997	효능	Purification and characterization of an antifungal PR-5 pro-tein from pumpkin leaves. /Cheong NE, Choi YO, Kim W Y, Bae IS, Cho MJ, Hwang I, Kim JW, Lee SY.	Mol Cells. 30;7(2):214-9.	PMID:9163 735
1997	생산	Effect of disruption of acutinase gene(cutA) on virulence a nd tissue specificity of Fusarium solanif.sp.cucurbitaerace 2 toward Cucurbita maxima and C.moschata. Crowhurst RN, Binnie SJ, Bowen JK, Hawthorne BT, Plum mer KM, Rees-George J, Rikkerink EH, Templeton MD.	Mol Plant Microbe Interact.10(3) :355-68.	PMID:9100 380
1997	성분	Effect of traditional processing practices on the content of total carotenoid, beta-carotene, alpha-carotene and vitamin A activity of selected Tanzanian vegetables. Mosha TC, Pace RD, Adeyeye S, Laswai HS, Mtebe K.	Plant Foods Hum Nutr.50 (3):189-201.	PMID:9373 870
1996	생산	Synthesis of a squash-type protease inhibitor by gene engi-neering and effects of replacements of conserved hydropho-bic aminoacid residues on its inhibitory activity. Kojima S, Miyoshi K, Miura K.	Protein Eng.9 (12):1241-6.	PMID:9010 939
1996	성분	Colorloss evaluation of a dietary formulation in function of temperature, storage time and packaging] Torres A, Guerra M.	Arch Latinoa m Nutr.46(1): 54-8.Spanish.	PMID:9161 461
1996	성분	Differential modulation of binding loop flexibility and stab-ilityby Arg50 and Arg52 in Cucurbita maxima trypsin inhi-bitor-V deduced by trypsin-catalyzed hydrolysis and NMR spectroscopy./Cai M, Huang Y, Prakash O, Wen L, Dunkel barger SP, Huang JK, Liu J, Krishnamoorthi R	Biochemistry. 1996Apr16;35 (15):4784-94.	PMID:8664 268
1995	효능	Effect of pumpkin-seed oil on the level of free radical sca-vengers induced during adjuvant-arthritisin rats. Fahim AT, Abd-elFattah AA, Agha AM, Gad MZ.	Pharmacol R es.31(1):73-9.	PMID:7784 309

1995	효능	Anti-hyperglyc emic effect of some edible plants. Roman-Ramos R, Flores-Saenz JL, Alarcon-Aguilar FJ.	J Ethno pharmacol.11;48(1):25-32	PMID:8569244
1995	생산	Differential effects of satellite RNA on the accumulation of cucumber mosaic virus RNAs and their encoded proteins in tobacco vszucchini squash with two strains of CMV helper virus. Gal-On A, Kaplan I, Palukaitis P.	Virology.208(1):58-66.	PMID:11831731
1995	생산	Growth of Cucurbita maximaL. plants in the presence of the cyclo artenol synthase inhibitor U18666A. Fenner GP, Raphiou I.	Lipids.30(3):253-6.	PMID:7791534
1995	생산	Status of phytotherapeutic drugs in treatment of benign prostatic hyperplasia] Dreikorn K, Schönhöfer PS.	UrologeA.34(2):119-29. Review.	PMID:7538709
1995	성분	Proximate composition and mineral content of selected Tanzanian vegetables and the effect of traditional processing on the retention of ascorbic acid, riboflavin and thiamine. Mosha TC, Pace RD, Adeyeye S, Mtebe K, Laswai H.	Plant Foods Hum Nutr. 48(3):235-45.	PMID:8833430
1995	성분	Three-dimensional solution structure of Cucurbita maxima trypsin inhibitor-V determined by NMR spectroscopy. Cai M, Gong Y, Kao JL, Krishnamoorthi R.	Biochemistry. 34(15):5201-11.	PMID:7711040
1994	효능	In vitro effect of vegetable and fruit juices on the mutagenicity of 2-amino-3-methylimidazo[4,5-f]quinoline,2-amino-3,4-dimethylimidazo[4,5-f]quinoline and 2-amino-3,8-dimethylimidazo[4,5-f]quinoxaline. Edenharder R, Kurz P, John K, Burgard S, Seeger K.	Food Chem Toxicol.32(5):443-59.	PMID:8206443
1994	효능	Effect of the extracts of pumpkin seeds on the urodynamics of rabbits:an experimental study. Zhang X, Ouyang JZ, Zhang YS, Tayalla B, Zhou XC, Zhou SW.	J Tongji Med Univ.1994;14(4):235-8.	PMID:7760436
1994	성분	Aluminum-Induced Rapid Root Inhibition and Changes in Cell-Wall Components of Squash Seedlings. Van HL, Kuraishi S, Sakurai N.	Plant Physiol. 106(3):971-976.	PMID:12232377
1993	효능	The effect of pumpkin seeds snack on inhibitors and promoters of urolithiasisin Thai adolescents. Suphiphat V, Morjaroen N, Pukboonme I, Ngunboonsri P, Lowhnoo T, Dhanamitta S.	J Med Assoc Thai.76(9):487-93.	PMID:7964254
1993	성분	Effect of fermentation on the nutritional quality and functional properties of infant food formulations prepared from bambarra-groundnut, fluted-pumpkin and millet seeds. Ezeji C, Ojimelukwe PC.	Plant Foods Hum Nutr. 44(3):267-76.	PMID:8295867

1992	효능	Hypoglycemic activity of some antidiabetic plants. RománRamos R, LaraLemus A, AlarcónAguilar F, FloresSaenz JL	Arch Med Res.1992 Autumn; 23(3):105-9.	PMID:1308798
1991	효능	Screening of the antimalarial activity of plants of the Cucurbitaceae family. Amorim CZ, Marques AD, Cordeiro RS.	Mem Ins tOswaldoCruz. 1991;86	PMID:1841996
1991	성분	Investigations on the effect of traditional food processing, preservation and storage methods on vegetable nutrients: a case study in Tanzania. Lyimo MH, Nyagwegwe S, Mnkeni AP.	Plant Foods Hum Nutr. 41(1):53-7.	PMID:2017427
1991	성분	Purification and Characterization of Galactinol Synthase from Mature Zucchini Squash Leaves. Smith PT, Kuo TM, Crawford CG.	Plant Physiol. 96(3):693-698.	PMID:16668244
1991	성분	Differential Effect of Auxin on Molecular Weight Distributions of Xyloglucansin CellWalls of Outer and Inner Tissues from Segments of Dark Grown Squash(Cucurbita maxima Duch.) Hypocotyls. Wakabayashi K, Sakurai N, Kuraishi S.	Plant Physiol. 95(4):1070-1076.	PMID:16668092
1990	효능	Treatment of benign prostatic hyperplasia with phytosterols. / C arbin BE, Larsson B, Lindahl O.	Br J Urol.66(6):639-41.	PMID:1702340
1990	효능	Inhibition of human beta-factor XII a by squash family ser-ine proteinase inhibitors. Wynn R, Laskowski M Jr.	Biochem Biophys Res Commun.166(3):1406-10.	PMID: 2306254
1990	성분	Sugar Composition and Molecular Weight Distribution of CellWall Polysaccharides in Outer and Inner Tissues from Segments of Dark Grown Squash(Cucurbita maxima Duch.) Hypocotyls./Wakabayashi K, Sakurai N, Kuraishi S.	Plant Physiol. 93(3):998-1004.	PMID:16667612
1989	성분	Determination of the complete three-dimensional structure of the trypsin inhibitor from squash seeds in aqueous solution by nuclear magnetic resonance and a combination of distance geometry and dynamical simulated annealing. Holak TA, Gondol D, Otlewski J, Wilusz T.	J Mol Biol. 210(3):635-48.	PMID:2614837
1989	성분	Phospholipid-stimulated protein kinase in plants. Martiny-Baron G, Scherer GF.	J Biol Chem. 264(30):18052-9.	PMID:2530218

1987	효능	The effect of pumpkin seeds on oxalcrystalluria and urinary compositions of children in hyperendemic area. Suphakarn VS, Yarnnon C, Ngunboonsri P.	Am J Clin Nutr.45(1):115-21	PMID:3799495
1986	성분	Kinetic Characterization of Reduced Pyridine Nucleotide Dehydrogenases(Duroquinone-Dependent) in Cucurbita Microsomes. Pupillo P, Valenti V, DeLuca L, Hertel R.	Plant Physiol. 80(2):384-389.	PMID:16664630
1986	성분	Suppression of 7,12-dimethylbenz[a] anthracene-induced chromosome aberrations in ratbonemarrow cells by vegetable juices. Ito Y, Maeda S, Sugiyama T.	Mutat Res.172(1):55-60.	PMID:3093857
1983	성분	Peptide hydrolase activities in seedlings and hormone-treated cotyledons of pumpkin(Cucurbitapepo). Weidhase RA, Parthier B.	Biomed Biochim Acta.42(7-8):897-906.	PMID:6360167
1983	성분	Structural differences between trypsin-inhibitors isolated from Cucurbitaceae family seeds: immunological, NMR and CD studies. Szewczuk A, Kurowska E, Prusak E, Wilusz T, Polanowski A, Otlewski J, Sobczyk K, Siemion IZ.	Hoppe Seylers Z Physiol Chem.364(8):941-7.	PMID:6414924
1981	성분	Effect of light on the formation of multiple molecular forms of glutamine synthetase in plants. Evstigneeva ZG, Pushkin AV, Solovieva NA, Golova TV, Kretovich WL.	Mol Cell Biochem.40(2):123-5.	PMID:6118828

PART 4.

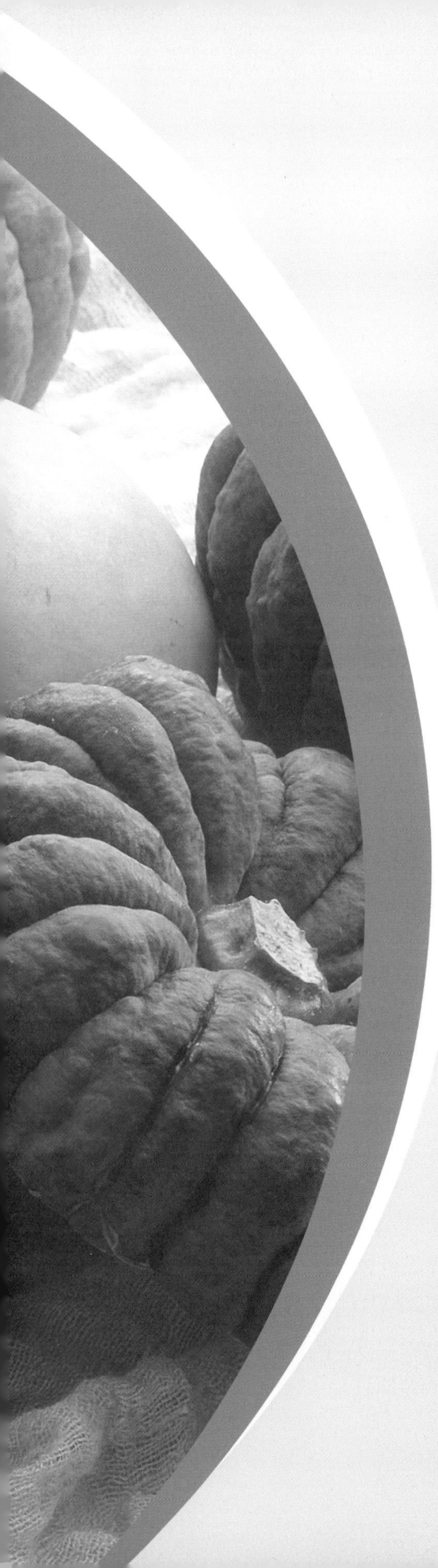

호박요리

Biological Stimulation of Pumpkins on Human Body

PART 4. 호박요리

호박은 여러 질병을 예방하거나 치료하는 것으로 알려진 식재료이다. 그뿐만 아니라 익기 전인 애호박에서부터 숙과인 늙은 호박까지 모두 사용할 수 있고 연한 줄기와 잎, 뿌리, 꼭지까지도 사용하는 매우 유용한 식물이다. 따라서 국내에서 책으로 출판되거나 인터넷에 소개된 호박을 재료로 하는 100여 가지의 요리들을 수집하여 정리한 결과는 다음과 같다.

크게 주식류, 부식류, 떡과 한과류, 음청류, 기타 이렇게 다섯 부분으로 나누어 정리하였다. 주식류는 다시 밥, 국수와 면류, 죽, 국(식사대용), 빵류 이렇게 5부분으로 나누었다. 그리고 부식류는 국, 찌개, 전골, 찜, 선, 나물과 무침, 조림, 전과 부침 그리고 튀김, 볶음과 구이, 장아찌 그리고 김치의 11부분으로 나누어 정리하였다.

요리는 미각뿐만 아니라 시각, 후각, 청각까지도 만족시키는 종합예술이다. 또한 음악처럼 시간과도 관련된 예술로 요리시간에 따라 맛과 영양소 함량이 달라지며 조리 후 일정한 시간 동안만 최대의 맛을 느낄 수 있다. 이뿐만 아니라 요리는 사람의 건강에도 영향을 미치는 과학이라고 해도 과언이 아니다.

이 책을 읽는 독자들이 호박을 다양한 요리에 널리 사용하여 일차적으로는 건강증진에 도움이 되고 더 나아가 질병의 예방과 치료에도 유익을 얻게 되기를 바란다. 또한 이를 참고로 하여 기호나 필요에 따라 재료의 분량과 조리법을 조절하여 조리하기 쉽고, 경제적으로 부담도 없으며, 건강에 좋은 레시피들이 많이 개발되어 이용되기를 바란다.

호박을 이용하여 제조·가공한 호박 가공제품에 관한 연구로는 호박죽(조혜정 등, 1996), 호박떡(윤숙자, 1999, 윤숙자 등, 2000), 호박전, 호박엿, 호박정과, 호박잼(송인선, 2004), 호박음료, 호박양갱(최은미, 2004), 호박술(안용근 외, 1996), 호박식초(금종화, 1999), 호박꿀차(박, 1995), 호박고추장(정용진 등, 2001), 호박요구르트(신용서, 1993) 등이 보고되었다.

수록된 호박요리들은 국내에서 발간된 요리서와 인터넷의 자료를 참고하였으나 더 많은 호박요리 정보가 있으리라 본다. 더욱이 제시된 재료와 방법을 변형, 응용하여 더욱 맛있고 건강에 도움이 되는 호박 요리가 많이 개발되기를 바란다.

* 재료 용량 용어 중 1큰술은 1 Table spoon, 1작은술은 1 tea spoon임.

4-1 주식류

1. 밥

채소밥으로는 무밥, 콩나물밥, 곤드레 나물밥 등의 나물밥과 고구마밥 그리고 감자밥 등의 뿌리를 이용한 밥이 있다. 호박밥은 색깔도 곱고 맛도 있다. 단호박의 겉껍질까지 활용하면 진한 초록색과 주황색의 조화가 아름다우며, 영양적으로도 더 도움이 된다. 볶음밥에는 단호박 대신 애호박을 사용하면 연한 초록과 노란 속 부분의 조화로 색다른 느낌의 요리가 된다.

단호박 영양밥

재료 : 단호박 1개, 찹쌀 1컵, 흑미 ½컵, 차조 ⅓컵, 밤 10개, 은행 6개, 대추 3개, 소금 ½큰술

만드는 방법

1. 찹쌀과 흑미는 깨끗이 씻어서 20분 정도 물에 불린 후 물기를 없앤다.
2. 밤은 2등분하고, 대추는 씨를 빼낸 후 4등분한다.
3. 은행은 끓는 물에 살짝 데쳐 껍질을 벗겨낸다.
4. 찹쌀, 흑미, 밤, 은행, 대추, 차조에 소금을 넣어 버무린 후 젖은 면포를 깐 찜통에 얹어 쪄낸다.
5. 단호박은 위에서 ¼ 되는 곳을 잘라내고 나서 뚜껑을 만들고 속은 제거한다.
6. 5번에서 준비한 단호박 그릇에 찜통에 쪄낸 3의 찰밥을 담아서 다시 쪄낸다.

전복 단호박 솥밥

재료 : 전복 3개, 단호박 ½개, 불린 쌀 1 ½컵, 수수 ¼컵, 참기름 1큰술, 소금 약간, 물 2컵

양념장 : 간장 · 청주 · 다진 마늘 1작은술씩

만드는 방법

1. 전복은 내장을 발라내고 살만 소금물에 씻어서 얇게 썬다.
2. 그릇에 전복과 양념장을 함께 넣고 잘 버무린다.
3. 씨를 제거한 단호박을 껍질째 사방 1.5cm 크기에 1cm 두께로 썬다.
4. 수수는 빨간 물이 나오지 않을 때까지 씻어서 물기를 제거한다.
5. 냄비에 불린 쌀과 수수 및 물과 소금을 넣고 센불에 5분 정도 안친다.
6. 5가 끓으면 불을 약하게 줄이고 전복과 단호박을 얹은 뒤에 뜸을 충분히 들인다.

단호박 치즈볶음밥

재료 : 현미밥 1공기, 새우살 100g, 양파, 김치, 가지, 파프리카 각각 30g, 소금, 후추, 핫소스, 칠리소스, 피자치즈, 미니단호박

만드는 방법

1. 단호박은 윗부분 ¼ 되는 곳을 둥글게 잘라내고 속을 파서 그릇을 만든다.
2. 야채를 먼저 볶다가 밥을 넣고 계속 볶는다.
3. 소금, 후추, 칠리소스, 핫소스, 피자치즈를 넣고 조금 더 볶는다.
4. 1의 단호박에 볶음밥을 눌러 담은 뒤에 피자치즈를 듬뿍 얹어준다.
5. 175℃로 예열된 오븐에 5분 정도 굽는다.

2. 국수류

늙은 호박 칼국수

재료 : 늙은 호박 ½개, 쌀 1컵, 밀가루 1컵, 팥 3컵, 소금 2큰술

만드는 방법

1. 호박은 껍질을 벗기고 속을 파내어 잘게 썰어서 푹 삶는다.
2. 팥을 잘 삶은 후 체에 받쳐서 팥물을 만든다.
3. 삶아놓은 호박과 불린 쌀을 팥물에 넣고 저으면서 끓인다.
4. 쌀이 반쯤 퍼지면 칼국수를 넣어 익히고 간은 소금으로 한다.

늙은 호박 볶음파스타

재료 : 늙은 호박 150g, 파스타 200g, 마늘 5쪽, 양파 ¼개, 생크림 3큰술, 올리브유 2큰술, 말린 바질 ¼작은술, 소금 · 통후추 곱게 빻은 것 약간씩

만드는 방법

1. 늙은 호박은 가로 세로 2cm 크기로 납작하게 썬다.
2. 끓는 물에 소금과 올리브유를 약간 넣고 파스타를 삶아서 체에 받치고는 물기를 뺀다.
3. 마늘은 모양대로 납작하게 썰고 양파는 곱게 채 친다.
4. 프라이팬에 올리브유를 치고 마늘과 양파를 볶는다. 마늘과 양파가 갈색을 띠면 늙은 호박을 함께 넣고 볶는다.
5. 4에 말린 바질과 생크림, 소금, 통후추 곱게 빻은 것을 조금씩 넣어 간을 맞추면서 볶는다.
6. 볼에 삶은 파스타와 5의 소스를 넣고 버무리고는 다시 소금으로 간한다.

단호박 된장국수

재료 : 밀가루 400g, 단호박 ½개, 소금 적당량,

된장소스 : 된장 ½컵, 다시마 1장, 애호박 1개, 두부 1모, 양송이버섯 10개, 표고버섯 8개, 피망·붉은 피망 1개씩, 우엉 ⅓대, 참깨 3큰술, 감자 ½개, 물 5컵, 설탕 · 고춧가루 · 참기름 · 식용유 · 굵은 소금 적당량

만드는 방법

된장소스 재료 준비

1. 양송이버섯은 반으로 갈라 3등분한다. 표고버섯은 살짝 불려서 물을 모두 짜낸다. 이 물에 다시마를 넣고 5~10분 정도 끓여서 둔다.
2. 애호박 1개와 피망 · 붉은 피망 1개씩을 모두 같은 크기로 깍둑썰기한다.
3. 두부 1모를 노릇하게 지져 길게 자르고 우엉은 강판에 갈아둔다.
4. 참깨는 약간의 물과 함께 믹서에 간다.

단호박 국수 만들기

5. 껍질을 벗기고 씨를 뺀 단호박 먹기 좋은 크기로 잘라 가로로 놓고 찐다. 으깬 단호박에 소금을 넣고 잘 섞어서 손으로 비비며 풀어준다. 호박의 물기가 밀가루에 모두 스며들도록 많이 치댄다.
6. 반죽을 얇게 밀어 가늘게 썬다.

소스 조리법

7. 다시마 표고버섯국물 4컵에 된장과 굵은 소금으로 간을 한다.
8. 양송이, 표고버섯, 애호박을 넣고 끓인다.
9. 두부, 우엉즙, 참깨 간 것을 넣고 설탕과 고춧가루로 간을 맞춘다.
10. 감자를 갈아서 넣고, 참기름을 살짝 뿌려서 된장소스를 만든다.
11. 끓는 물에 소금을 넣고 단호박 국수를 삶은 다음 건져서 찬물에 헹군다.
12. 국수에 된장소스를 부어 완성한다.

단호박 콜드파스타

재료 : 단호박 ½개, 파르펠레(리본모양 파스타) 100g, 바질잎 약간, 올리브유, 소금 1작은술, 스파게티 소스 100g

만드는 방법

1. 단호박은 깨끗이 씻어 씨를 제거하고 전자레인지에 5분 동안 돌린 다음 먹기 좋게 잘라 식힌다.
2. 끓는 물에 올리브유, 소금과 함께 파스타를 넣고 삶은 후 건져내어 식힌다(올리브유를 넣어야 서로 붙지 않는다).
3. 스파게티 소스를 준비한 삶은 호박과 파스타와 함께 잘 섞고 나서 접시에 담고 바질잎을 올려서 완성한다.

단호박 마카로니 샐러드

재료 : 단호박 삶아 으깬 것 100g, 마카로니 100~150g, 양파 ¼개, 오이 1개, 삶은 계란 2개, 사과 1개, 마요네즈 4큰술, 머스터드 1큰술, 우유 또는 생크림 50mL, 소금 ½작은술, 후추 조금

만드는 방법

1. 물에 소금 1작은술을 넣고 마카로니를 삶고 나서 찬물로 헹궈서 물기를 뺀다.
2. 단호박은 쪄서 뜨거울 때 잘 으깬다.
3. 삶은 계란을 잘라주고 사과는 샐러드 버무리기 직전에 자른다.
4. 오이는 3mm 정도 두께로 썰고 양파는 다져서 소금 1작은술을 뿌린 후에 잠시 절였다가 물기를 꼭 짜준다.
5. 볼에 마요네즈와 우유, 머스터드, 소금, 후추, 단호박을 넣고 섞어준다.
6. 샐러드 재료에 5를 넣고 다시 한 번 가볍게 버무려서 완성한다.

3. 죽

호박죽

재료 : 늙은 호박 400g, 단호박 100g, 물 4컵, 불린 현미 ½컵, 삶은 팥 2큰술, 강낭콩 2큰술, 소금 ⅔작은술

※늙은 호박은 향이 좋고 단호박은 색깔이 좋기 때문에 같이 사용하면 색과 향이 좋은 호박죽이 된다.

만드는 방법

1. 늙은 호박과 단호박을 깨끗이 씻어 필요한 만큼을 껍질, 씨, 섬유소째로 물 2컵을 찜솥에 담아 쪄낸다.
2. 1에서 찐 호박이 담길 만한 소쿠리에 담아 으깨면 과육 부분만 아래로 내려오고 껍질, 씨, 섬유소는 소쿠리에 남는다. 찜솥에 남은 호박물도 사용한다.
3. 불린 현미와 물 1컵을 믹서에 넣고 곱게 갈아 낸다.
4. 남은 물 1컵을 밑바닥이 두꺼운 냄비에 끓이다가 3의 갈아놓은 현미를 넣고 약한 불에서 주걱으로 저어가며 끓인다.
5. 2의 호박 과육 으깬 것과 호박물, 삶은 팥, 강낭콩을 넣고 한소끔 끓이고 나서 기호에 맞게 소금으로 간한다.

늙은 호박 들깨죽

재료 : 늙은 호박 250g, 들깨가루 ½컵, 대파 ⅓뿌리, 청・홍고추 ½개, 물 4컵, 참기름 1작은술, 소금 1큰술, 후춧가루 약간

만드는 방법

1. 늙은 호박을 준비하여 씨를 긁어내고 껍질을 벗긴다. 먹기 편하도록 5cm×5cm, 0.5cm 두께로 납작하게 썬다.
2. 들깨가루를 고운체에 걸러서 들깨 국물을 준비한다. 들깨 국물을 완전히 빼내기 위해 이 과정을 2~3회 반복한다.

3. 깨끗하게 다듬은 대파와 청·홍고추를 준비한 다음 대파는 어슷썰기 하고, 청·홍고추는 반으로 갈라 씨를 없애고 곱게 채썬다.
4. 냄비에 참기름을 두르고 썰어놓은 호박을 먼저 볶다가 2의 들깨 국물을 붓고 끓인다.
5. 4의 국물이 끓어오르면 소금과 후춧가루로 간을 하고 준비한 대파와 청·홍고추를 보기 좋게 올린다.

호박 보양식

재료 : 늙은 호박 2kg, 찹쌀가루 250g, 당귀·천궁·백작약·백출·백복령 각각 7.5g씩, 설탕 1작은술, 소금 1/4작은술

만드는 방법

1. 10컵 분량의 물에 한약재를 넣고 양이 절반이 될 때까지 달여서 체에 거른다.
2. 늙은 호박은 껍질을 벗기고 씨를 모두 파낸 후에 적당한 크기로 납작하게 썬다.
3. 찹쌀가루는 반만 그릇에 담고 물 5큰술을 넣고 반죽하여 새알심을 빚는다.
4. 2에 물을 자박자박하게 부어 속살이 무를 때까지 푹 삶은 후에 덩어리 없이 곱게 으깬다.
5. 으깬 호박에 1과 3을 넣고 끓인다. 새알심이 익어서 떠오르면 남은 찹쌀가루를 조금씩 뿌려가며 멍울이 지지 않게 나무주걱으로 저으면서 계속 끓인다.
6. 간은 소금과 설탕으로 맞춘다.

늙은 호박 찹쌀완자죽

재료 : 늙은 호박 200g, 옥수수캔 30g, 찹쌀가루 ½컵, 우유 1컵, 물 4컵, 소금 약간

만드는 방법

1. 늙은 호박은 적당한 크기로 잘라 씨를 긁어낸 후에 껍질을 벗기고 잘게 썰어서 믹서에 생수 1컵을 붓고 곱게 간다.
2. 곱게 간 호박을 냄비에 넣고 우유와 물을 붓고 중간불에서 잘 저어가면서 끓인다.
3. 옥수수캔은 체에 받치고 뜨거운 물을 부어서 물기를 뺀다. 찹쌀가루는 끓는 물을 조금씩 부어가며 반죽한 뒤에 지름 1.5cm 정도로 동그랗게 빚는다.
4. 2가 걸쭉해지면 3의 옥수수캔과 찹쌀완자를 함께 넣고 끓인다.
5. 찹쌀완자가 떠오르면 불을 끄고 그릇에 담아서 소금으로 간을 한다.

호박범벅

재료 : 늙은 호박 400g, 찹쌀가루 120g, 팥 80g, 밤 8개, 설탕 8작은술, 소금, 물

만드는 방법

1. 늙은 호박은 씨를 긁어내고 껍질을 벗겨 작게 썰어서 냄비에 물과 함께 넣고 10분 정도 삶는다.
2. 늙은 호박이 무르면 찹쌀가루를 넣고 재빨리 섞는다.
3. 2가 걸쭉해지면 삶은 팥과 밤 및 설탕을 넣고 소금으로 간한다.

애호박죽

재료 : 쌀 2컵, 애호박 1개, 쇠고기 50g, 마늘 2쪽, 실파 1뿌리, 간장 2큰술, 물 14컵, 참기름 1큰술

양념간장 : 간장 5큰술, 다진 파 2큰술, 다진 마늘 1큰술, 깨소금, 후추, 참기름 $1\frac{1}{2}$컵

만드는 방법

1. 쌀은 깨끗이 씻어 물에 충분히 불려서 건져 둔다.
2. 간장에 다진 파, 다진 마늘, 깨소금, 후추, 참기름을 섞어서 양념장을 만든다.
3. 다진 쇠고기에 2의 양념장을 1큰술 넣고 무친다.
4. 애호박은 길게 반을 갈라서 얇게 썰어 둔다.
5. 냄비에 참기름을 두르고 무쳐 놓은 고기를 볶다가 쌀을 넣고 다시 한 번 볶는다.
6. 5에 물을 붓고 쌀알이 퍼질 때까지 끓이다가 호박을 넣고 끓인다.
7. 호박까지 충분히 퍼지면 그릇에 담고 2의 양념장을 곁들여 낸다.

애호박 바지락죽

재료 : 멥쌀 2컵, 애호박 $\frac{1}{2}$개, 바지락 100g, 참기름, 국간장, 물

만드는 방법

1. 쌀은 한 번 헹구어 쌀뜨물은 받아두고 불린다.
2. 애호박은 부채꼴로 썰고, 바지락은 잘게 다진다.
3. 바지락을 참기름과 함께 볶는다.
4. 바지락이 익으면 쌀을 넣고 다시 볶다가 쌀뜨물을 붓고 30분 정도 끓인다.
5. 쌀알이 푹 퍼질 때까지 끓이다가 호박을 넣고 잠깐 더 끓인다.
6. 호박이 익으면 국간장으로 간을 한다.

4. 국

단호박 수제비 I

재료 : 아욱 200g, 밀가루 2컵, 단호박 찐 것 ¼개, 다시마 1장, 표고버섯 가루 2큰술, 물 8컵, 굵은 소금 · 양념소금 약간씩

양념 : 된장 3큰술, 고추장 1 ½큰술, 들기름 2큰술

만드는 방법

1. 아욱은 줄기의 섬유질을 벗겨내고 씻는다.
2. 찐 단호박과 소금을 밀가루와 섞어 반죽한다(단호박의 수분량에 따라 물을 약간 첨가해도 된다).
3. 된장, 고추장, 들기름을 잘 섞는다.
4. 물에 다시마를 넣고 끓인다. 물이 끓으면 3은 체에 내려서 넣고 표고버섯 가루도 넣는다.
5. 국물이 끓으면 아욱을 손으로 찢어 넣은 후 불을 약하게 줄이고 푹 끓인 뒤에 수제비를 떼어 넣는다.

단호박 수제비 II – 호박뇨끼

재료 : 감자 250g, 단호박 250g, 밀가루 100g, 푼 달걀 ⅔개 분량, 계핏가루 약간, 소금 약간, 설탕 약간, 후춧가루 약간

세이지 버터소스재료 : 버터 3큰술, 세이지 3줄기, 파머산 치즈가루 약간

만드는 방법

1. 감자에 소금을 넣고 삶는다.
2. 다 익으면 뜨거울 때 체에 내린다.
3. 단호박은 반으로 갈라서 씨를 제거하고 찜통에 쪄낸다.
4. 잘 익으면 속을 파내서 냄비에 넣고 수분이 없어지도록 주걱으로 으깨면서 볶는다.

반죽 만들기

5. 준비한 감자에 볶은 단호박, 밀가루, 계란, 계핏가루, 소금, 후춧가루, 설탕을 넣고 고루 섞어 수제비 반죽을 한다.
6. 2cm 간격으로 자른 후 포크를 이용해 가운데가 움푹 들어간 형태의 수제비를 만든다.

소스 만들기

7. 냄비에 물을 붓고 소금을 약간 넣은 후에 수제비 반죽(뇨끼)을 넣고 잘 저어준다. 반죽이 떠오르면 1~2분 정도 더 끓인 후 건져서 물기를 뺀다.
8. 팬을 달구고 버터를 중불에서 녹인 후 세이지잎을 넣고 팬을 흔들어주며 향을 낸다.
9. 준비된 뇨끼를 소스팬에 넣고 잘 섞은 후 접시에 담아 파머산 치즈가루를 뿌리거나 곁들인다.

애호박고지탕

재료 : 애호박고지 100g, 쇠고기 60g, 식물성 기름 1큰술, 새우젓 ½컵, 다진 파 2큰술, 다진 마늘 1큰술, 들깨가루 1컵, 쌀가루 ¼컵, 물 4컵

만드는 방법

1. 호박고지를 맑은 물이 나올 때까지 여러 번 씻고 물기를 짜 둔다.
2. 들깨는 체에 걸러 성긴 껍질을 제거한다.
3. 쇠고기는 살코기로 준비하여 굵게 채 썰어 기름 두른 냄비에 볶는다.
4. 새우젓을 다져서 씻어 놓은 애호박고지에 넣고 간이 잘 배도록 버무린다.
5. 4에 볶은 쇠고기를 넣고 함께 버무린 다음 냄비에 넣고 볶다가 물 2컵을 붓고 끓인다.
6. 국이 끓으면 들깨가루와 쌀가루를 물 2컵에 잘 풀어서 붓고 저으면서 한소끔 더 끓인다. 국물이 걸쭉해지면 파와 마늘로 양념한다.

애호박 만두

재료 : 애호박 1개, 소금 2작은술, 마늘 1작은술, 파 1큰술, 생표고버섯 2개, 숙주나물 70g, 밀가루 1컵, 식용유 약간, 참기름 적당량

만드는 방법

1. 애호박을 채 썰어 소금물에 절인 후 마른 행주로 꼭 짜서 파와 마늘로 양념하여 살짝 볶는다.
2. 표고버섯은 채 썰어서 파와 마늘로 양념하고 소금으로 간을 맞춰 볶는다.
3. 밀가루 반죽을 밀대로 밀어 납작하게 만든 후 사방 8cm 크기로 네모나게 자른다.
4. 호박, 표고버섯, 데친 숙주나물을 한데 넣고 조물조물 무쳐서 소를 만든다.
5. 3의 만두피 위에 소를 큰 눈깔사탕만큼씩 얹고 네 귀를 맞추어 싸서 찐다.

5. 빵류

단호박 토스트

재료 : 호밀빵 4장, 단호박 ⅓개, 모차렐라 치즈 80~100g, 파슬리

만드는 방법

1. 단호박은 씨와 껍질을 제거하고 거칠게 간다. 얹는다.
2. 호밀빵 위에 간 단호박과 모차렐라 치즈를 차례로 수북이 올린다.
3. 파슬리를 뿌리고 180℃로 예열한 오븐에서 치즈가 녹을 때까지 약 10분 정도 굽는다.

단호박 과일 토스트

재료 : 단호박 ¼개, 사과 ½개, 복숭아 1개, 흑설탕 3큰술, 계핏가루 1큰술, 식빵 4장, 잣 약간

만드는 방법

1. 사과와 복숭아를 잘게 썰어 흑설탕과 계핏가루를 넣는다.
2. 1에 물을 약간 붓고 국물이 없어질 때까지 끓이다가 잣을 넣는다.
3. 속을 파내고 껍질을 벗겨서 깨끗이 손질한 단호박은 찜통에 쪄서 으깬다.
4. 단호박을 식빵 가장자리에 올려주고 조린 과일을 가운데 얹어 200℃로 예열한 오븐에서 15분 동안 굽는다.

단호박 빵

재료 : 단호박 200g, 밀가루 100g, 통밀가루 75g, 메밀가루 75g, 참기름 1 ½큰술, 소금 ⅔작은술, 계핏가루 약간, 건포도 80g, 구운 아몬드 20개, 물 300cc

만드는 방법

1. 단호박은 속과 씨를 제거하고 7~8mm 두께로 반달 모양으로 썰어서 찐다.
2. 밀가루, 통밀가루, 메밀가루, 참기름, 소금, 시나몬 파우더는 체에 내린다.
3. 2의 가루 재료에 참기름 및 건포도와 물을 넣어서 고루 섞은 후 쿠키팬에 1.5cm 높이까지 붓는다.
4. 구운 아몬드를 다져서 2의 위에 뿌리고 찐 단호박을 가지런히 얹는다.
5. 180℃로 예열한 오븐에 쿠키팬을 넣고 20분 동안 굽는다.

4-2 부식류

1. 국

단호박 카레

재료 : 단호박 1개, 양파(大) 1개, 감자(大) 1개, 당근(小) 1개, 돼지고기 안심 150g, 식용유 1큰술, 물 5컵, 카레 100g 1봉

만드는 방법

1. 단호박, 양파, 감자, 당근, 고기를 적당한 크기로 썰어서 기름 두른 팬에 넣고 살짝 볶다가 물을 넣고 중불에서 10분가량 끓여준다.
2. 야채가 다 익었으면, 물 1컵에 카레를 넣어 잘 섞어서 1에 넣은 후 약한 불에서 2분가량 더 끓여준다.

단호박 수프

재료 : 단호박 600g, 양파(大) 1.5개, 닭육수 3컵, 버터 2큰술, 물 3컵, 우유 2컵, 소금

만드는 방법

1. 단호박은 씨를 긁어내고 껍질을 벗긴 후에 굵게 썬다.
2. 양파는 채 썬다.
3. 냄비에 버터를 녹이고 양파와 호박을 넣어 약한 불에 20분 정도 볶는다.
4. 닭육수를 넣고 중간불에서 끓인다.
5. 물이 자작하게 졸아들면 믹서에 넣고 간다.
6. 마지막으로 우유를 부어 중불에서 5분 정도 끓인 후에 소금으로 간을 맞춘다.

호박잎국

재료 : 호박순 100g, 애호박 1개, 쇠고기(양지) 100g, 밀가루·소금 적당량, 반불경이 고추 2개, 대파 1대, 국물(된장 3큰술, 쌀뜨물 8컵, 다진 마늘 1큰술)

만드는 방법

1. 호박순은 섬유질을 벗기고, 호박잎의 털이 떨어져나가고 파란 물이 빠지도록 비벼 씻은 다음 적당한 크기로 찢어서 물기를 뺀다.
2. 애호박은 굵게 썬다.
3. 고추는 곱게 다지고, 대파는 어슷하게 썬다. 쇠고기는 핏물을 빼고 나서 한입 크기로 썰어 둔다.
4. 쇠고기에 쌀뜨물을 부은 뒤, 된장을 체에 내려 풀어 넣고 끓인다.
5. 쇠고기가 푹 익으면 호박순을 넣고 한소끔 끓이다가 애호박과 대파, 마늘을 넣고 한 번 더 끓인 후에 다진 고추를 곁들여 낸다.

호박꽃탕

재료 : 호박꽃 5개, 쇠고기 100g, 표고버섯 100g, 석이버섯 30g, 애호박 100g, 미나리 5줄, 녹말가루 1큰술, 계란 2개, 소금 1큰술, 참기름 1작은술, 식용유, 깨소금 1큰술

고기양념 : 간장 1큰술, 후추 ¼작은술, 참기름 1작은술, 다진 마늘 ½작은술, 설탕 ½작은술

육수 : 쇠고기 200g, 물 3컵, 국간장 1작은술, 무 50g

만드는 방법

1. 피지 않은 호박꽃의 겉껍질을 벗기고 꽃술을 제거한 후 흐르는 물에 재빨리 씻어서 소쿠리에 건져 물기를 뺀다.
2. 쇠고기 100g을 곱게 다지고 고기양념으로 양념하여 볶아낸다.
3. 표고버섯, 석이버섯은 곱게 채 썰어 소금 ½작은술, 참기름 1작은술을 넣어 볶는다.
4. 애호박을 채 썰어 소금 ½작은술을 넣고 살짝 절여 물기를 꼭 짠 후에 식용유를 두른 팬에서 재빨리 볶아낸다.
5. 쇠고기 200g을 찬물에 씻은 후 무와 물을 넣어 맑은 장국으로 끓인다.
6. 미나리는 줄기 부분만 데친 후 찬물에 담갔다가 건져 물기를 꼭 짠다.
7. 2, 3, 4를 모두 섞어 깨소금, 참기름을 넣어서 무친다.
8. 1의 호박꽃 속에 7의 재료를 넣어 미나리 줄기로 묶는다.
9. 5의 쇠고기 장국에 8의 호박꽃 만두를 넣어 한소끔 끓으면 국간장으로 간한다.

2. 찌개

늙은 호박 갈치찌개

재료 : 갈치 ½마리, 늙은 호박 200g, 양파 ½개, 풋고추 1개, 홍고추 1개, 대파

양념재료 : 고춧가루 ½큰술, 국간장 1큰술, 생강즙 1작은술, 다진 마늘 2큰술, 물 1컵, 소금 약간

만드는 방법

1. 갈치는 손질하여 먹기 좋게 잘라서 찬물에 씻어 둔다.
2. 껍질을 벗긴 늙은 호박을 사방 4cm 크기, 1cm 두께로 썬다.
3. 양파는 채 썰고, 풋고추, 홍고추, 대파는 어슷하게 썬다. 양념재료를 섞어서 양념을 만든다.
4. 냄비 바닥에 썰어놓은 호박을 깔고 갈치를 얹은 뒤 양파와 홍고추를 넣고 양념을 부어 은근한 불로 끓인다.
5. 거의 끓으면 풋고추와 대파를 넣고 국간장으로 간을 한다.

늙은 호박 대구찌개

재료 : 늙은 호박 150g, 대구 1마리, 무 50g, 두부 ½모, 대파 1대, 양파 ¼개, 홍고추 · 풋고추 1개씩, 고추장 · 다진 마늘 1큰술씩, 고춧가루 2작은술, 다진 생강 · 소금 · 후춧가루 약간씩, 다시마 육수 4컵

만드는 방법

1. 늙은 호박은 씨를 긁어내고 껍질을 벗긴 후에 사방 4cm 크기, 1cm 높이로 썬다.
2. 대구는 손질하여 4등분으로 토막을 낸다.
3. 무와 두부는 3cm×3cm 정도 크기로 나박하게 썬다.
4. 대파, 홍고추, 풋고추는 어슷하게 채 치고 양파는 굵게 채 친다.
5. 고추장, 고춧가루, 다진 마늘, 생강을 섞어서 양념을 만든다.

6. 냄비에 다시마 육수를 넣고 끓으면 늙은 호박과 무에 양념장을 고루 섞은 후 다시마 육수를 넣고 끓인다.
7. 6의 국물이 끓어오르면 대구를 넣고 끓인다. 대구가 익으면 두부와 양파, 대파, 홍고추, 풋고추를 넣고 한소끔 끓여서 소금과 후춧가루로 간을 맞춘다.

늙은 호박 된장찌개

재료 : 늙은 호박 200g, 느타리 버섯 200g, 다시마 1장(10×10cm), 물 3컵, 된장 3큰술, 국간장 1큰술, 두부 ⅓모(160g), 풋고추 1개, 홍고추 ½개, 대파 5cm, 다진 마늘 ½큰술

만드는 방법

1. 물에 다시마를 넣고 끓이다가 건져낸다.
2. 늙은 호박과 두부는 같은 크기(3×4×1cm)로 썬다.
3. 풋고추, 홍고추 그리고 대파는 어슷하게 썬다.
4. 느타리버섯은 길이대로 적당한 크기로 찢어둔다.
5. 다시마 육수에 된장을 풀고 끓으면 호박과 두부를 넣고 끓인다.
6. 호박이 익으면 버섯, 풋고추, 홍고추, 대파, 다진 마늘을 넣고 국간장으로 간을 맞춘다.

애호박 오징어찌개

재료 : 애호박 ½개, 느타리버섯 70g, 물오징어 1마리, 실파 3뿌리, 쑥갓 반 줌, 다시마물 3컵, 고춧가루 1큰술, 고추장 1큰술, 청·홍고추 1개, 다진 마늘 1큰술, 간장 1큰술, 소금 후춧가루, 다진 생강 약간

만드는 방법

1. 애호박은 손질하여 세로로 갈라 0.6cm 두께의 반달모양으로 썬다.
2. 느타리버섯, 쑥갓, 실파, 청·홍고추는 기호에 맞는 크기로 썰어 둔다.
3. 물오징어는 내장을 제거하고 소금으로 문질러서 껍질을 벗긴 뒤에 씻어서 0.6cm 두께의 링 모양으로 썬다.
4. 냄비에 다시마물을 붓고 고추장을 풀어 끓어오르면 오징어, 호박, 느타리버섯 순으로 넣고 고춧가루를 풀어 뚜껑을 덮고 끓인다.
5. 4의 국물이 한소끔 끓어오르면 마늘과 생강, 청·홍고추 등을 넣고 소금, 후춧가루로 간을 맞춘 후에 실파와 쑥갓을 얹어 낸다.

호박 김치찌개

재료 : 배추김치 400g, 청둥호박 300g, 돼지고기 200g, 물 4컵, 굵은 파 10cm, 다진 마늘 1큰술, 청주 1큰술, 소금 1작은술

만드는 방법

1. 배추김치는 3cm 길이로 썬다.
2. 껍질과 씨를 제거한 청둥호박과 돼지고기는 사방 3cm 크기, 1cm 두께로 썬다.
3. 파는 어슷하게 썬다.
4. 김치와 돼지고기를 볶다가 청둥호박을 넣고 물을 부어 센불에서 끓인다.
5. 4에 다진 마늘, 청주, 굵은 파를 넣고 한소끔 끓으면 소금으로 간한다.

호박찌개

재료 : 애호박 3개, 양파1개, 감자1개, 땅콩가루 2큰술, 물 2컵, 소금 약간

만드는 방법

1. 양파, 감자는 깍둑썰기 한 후 물에 넣어 끓인다.
2. 애호박은 나박썰기 한 후 1이 거의 물렀을 때에 넣어 끓인다.
3. 땅콩가루와 소금으로 간을 맞춘다.

3. 전골

밀고기 호박 전골

재료 : 밀고기 2장, 애호박 1개, 양파 1개, 당근 ½쪽, 간장 2큰술, 피망고추장 ½큰술, 올리브유 적당량, 마늘 2개, 대파 1뿌리, 물 1컵

만드는 방법

1. 애호박, 양파, 당근, 밀고기는 나박하게 썰고 대파는 어슷하게 썬다.
2. 간장과 고추장을 물에 풀어서 1에 붓는다.
3. 마늘과 올리브유를 넣고 살짝 조린다.

4. 찜

늙은 호박찜 I

재료 : 삶은 팥 1컵, 늙은 호박 1컵, 쌀가루 ½컵, 꿀 2큰술, 소금 약간

만드는 방법

1. 쌀가루는 체에 내려 곱게 만든다.
2. 삶은 팥은 2×2cm 크기로 썬 늙은 호박과 쌀가루와 섞어 꿀과 소금으로 간한다.
3. 찜기에 물기를 짜낸 베보자기를 깔고 3을 담아서 김이 오른 찜통에 넣어 30분 이상 찐다.

늙은 호박찜 II

재료 : 늙은 호박 1kg, 밤 15개, 대추 15개, 팥 300g, 설탕 200g, 소금 약간

만드는 방법

1. 늙은 호박은 반으로 잘라 씨를 파내고 껍질째 손질한 뒤에 사방 15cm 크기로 자른다.
2. 자른 호박에 칼집을 넣어 5분 정도 쪄낸다.
3. 밤과 대추는 채를 만들고, 팥은 삶아서 설탕을 넣고 약간의 소금으로 간을 맞춘다.
4. 호박이 반쯤 익으면 3의 팥과 밤, 대추채를 차례로 골고루 뿌려 준다.
5. 밤, 대추, 팥을 얹은 늙은 호박을 찜통에 20분 정도 다시 쪄낸다.

단호박 해물찜

재료 : 단호박 1개, 새우 10마리, 홍합 5개, 조개 6~7개, 오징어 한 마리, 맛살 2줄, 피자치즈 듬뿍, 각종 야채(빨강/노랑 파프리카, 파 1개, 당근 1개, 양파 ½ 개, 버섯 5개, 떡볶이 작은 것 6개, 옥수수 ½ 개)

소스재료 : 고추장 1½컵, 굴소스 2큰술, 설탕 2큰술, 케첩 3~4큰술, 다진 마늘, 올리브유

만드는 방법

1. 각종 야채, 해물을 큼직큼직하게 썬다.
2. 프라이팬에 올리브유를 두르고 준비한 야채와 해물을 적당히 익을 때까지 볶는다.
3. 단호박을 통째로 전자레인지에 6분 동안 익힌다.
4. 단호박 윗부분을 잘라내고 속을 파낸다(그릇 모양이 된다).
5. 2의 야채와 해물을 그릇 모양의 단호박 속에 넣는다.
6. 200℃ 오븐에서 치즈가 노릇노릇 구워질 때까지 10~15분 정도 굽는다.

단호박 보양 닭찜

재료 : 단호박 ⅓통, 닭 1마리, 밤 5개, 은행 5~6개, 대추 3개, 마른 표고버섯 2개, 수삼 1뿌리, 물 3컵

소스재료 : 간장 4큰술, 다진 파 2큰술, 꿀 · 다진 마늘 1큰술씩, 깨소금 · 후춧가루 약간씩, 참기름 적당량

만드는 방법

1. 단호박은 껍질과 씨를 제거한 후에 먹기 좋게 썰어서 모서리를 다듬어 준다.
2. 끓는 물을 닭에 끼얹어 기름과 이물질을 먼저 제거한 후 찬물에 헹궈 물기를 없앤다.
3. 밤은 껍질을 벗기고, 은행은 끓는 물에 살짝 데쳐 껍질을 벗긴다. 대추는 깨끗이 씻어 씨를 빼내고 곱게 채 친다. 마른 표고버섯은 물에 불려서 곱게 채 썰고, 수삼은 먹기 편한 크기로 어슷썰기를 한다.
4. 소스 재료를 모두 섞어 소스를 만든다.
5. 바닥이 두꺼운 냄비에 닭과 수삼을 넣고 양념장 반 정도 분량을 골고루 끼얹은 물을 붓고 끓인다.
6. 닭이 반 정도 익으면 단호박, 밤, 은행, 대추, 표고버섯을 넣고 남은 양념장을 얹어서 간이 고루 밸 때까지 조린다.

단호박 쇠고기찜

재료 : 단호박 중간 것 1개, 안심 100g, 단호박 · 피망 · 브로콜리 각 20g씩, 당근 10g, 양파 ¼개, 양송이버섯 4개, 다진 마늘 ½작은 술, 생크림 ½컵, 소금 1작은술, 허브 약간, 후춧가루, 피자치즈 ½컵, 올리브유

만드는 방법

1. 단호박은 통째로 전자레인지에 넣고 3분 동안 익힌 다음 ⅔ 정도 높이에서 잘라 속을 파내서 그릇을 만든다.
2. 안심과 단호박, 피망, 당근, 브로콜리, 그리고 양파는 1cm×1cm 정도 크기로 자른다. 양송이버섯은 4등분하여 준비한다.
3. 프라이팬에 안심을 먼저 볶다가 손질한 나머지 재료들을 넣고 볶는다.
4. 소금과 후춧가루로 간을 맞추고 생크림을 넣어 중불에서 조린다. 적당히 조려지면 허브를 넣어 화이트소스 스튜를 만든다.
5. 미리 만들어둔 호박 그릇에 화이트소스 스튜를 담고 그 위에 치즈를 골고루 뿌린 다음 180℃ 오븐에 10분 동안 익힌다.

애호박 쇠고기찜

재료 : 애호박 1개, 쇠고기 150g, 양파 1/4개, 다시마물 4큰술, 소금 약간, 맛술 1큰술

고기양념 : 간장 2큰술, 설탕 1큰술, 생강즙 ½작은술, 청주 1큰술, 후춧가루, 마늘 약간

만드는 방법

1. 애호박과 양파는 사방 2~3cm 크기로 깍둑썰기를 한다.
2. 쇠고기는 얇게 저며 사방 4cm 크기로 썬 다음 고기양념을 넣고 조물조물 무쳐서 재어 둔다.
3. 쇠고기와 양파를 볶다가 다시마물을 붓고 뚜껑을 덮은 후에 끓인다.
4. 3에 애호박을 넣어 반 정도 익었을 때 맛술을 붓고 소금으로 간한다.

호박잎찜 I

재료 : 호박잎 20장

양념장 : 된장 1큰술, 고추장 1큰술, 깨소금 ½큰술, 다진 마늘 1큰술, 설탕 1큰술, 식초 ½큰술, 다진 양파 ½큰술, 배즙 ½큰술, 참기름 ½큰술

만드는 방법

1. 호박잎은 줄기 부분의 섬유질을 벗겨내고 씻는다.
2. 김이 오른 찜통에 호박잎을 넣고 15분 정도 찐다. 찜통에 오래 두면 갈색으로 변하니 쪄지면 곧 꺼내서 식힌다(호박잎 색깔이 녹색이 유지되도록 주의).
3. 호박잎을 찜통에서 꺼내 접시에 담고 양념장을 만들어 곁들인다.

호박잎찜 II

재료 : 호박잎

강된장 재료 : 물 2컵, 된장 3큰술, 호박 ¼개, 양파 ¼, 대파 ½개, 새송이버섯 1개, 홍고추 1개, 청양고추 1개, 청고추 1개, 멸치 10개, 두부 약간, 다진 마늘 1작은술, 고춧가루 ½작은술

만드는 방법

1. 호박잎은 껍질을 벗기고 깨끗이 씻어서 중간불로 5분 정도 찐다.
2. 다시멸치를 깨끗이 다듬고 잘게 잘라서 물, 청양고추와 함께 뚝배기에 담고, 끓기 시작하면 준비한 재료(된장, 양파, 호박, 새송이, 홍고추)를 넣고 중간불에서 5분 동안 끓인다.
3. 두부, 대파, 청고추, 고춧가루를 넣는다.
4. 걸쭉하게 하려면 약한 불에서 3분 정도 더 끓여준다

5. 선

애호박선 I

재료 : 애호박(中) 1개, 소금물(소금 3큰술, 물 3컵), 표고버섯 6개, 달걀 ½개

양념재료

- 양념장 A(간장 1큰술, 설탕 ½큰술, 다진 파 2작은술, 다진 마늘 1작은술, 참기름 1작은술, 깨소금 1작은술, 후춧가루 약간)
- 양념장 B(간장 2큰술, 설탕 1큰술, 물 4큰술)

만드는 방법

1. 호박은 가늘고 연한 것으로 골라서 반으로 가른 후에 어슷하게 2cm 간격으로 칼집을 넣고 6cm 정도로 토막을 내어 소금물에 담가둔다.
2. 표고버섯은 불려서 기둥을 잘라낸 후 곱게 채 썰어 양념장 A로 고루 무친다.
3. 절인 호박을 마른 행주로 물기를 닦고 칼집 사이에 양념한 표고를 채운다.
4. 달걀은 황백으로 나누어 지단을 부쳐 5cm 길이로 곱게 채 썬다.
5. 냄비에 양념장 B의 간장, 설탕과 물을 담아 불에 올려 끓으면 소를 채운 호박을 넣고 끓인다. 중불에서 국물을 끼얹어 고루 간이 배도록 한다.
6. 호박이 파랗게 익으면 그릇에 담고 황백지단 채를 얹는다.

애호박선 II

재료 : 애호박 2개, 쇠고기 120g, 표고버섯 3개, 계란 2개, 소금 약간, 육수 1컵

양념장 재료 : 간장 2큰술, 설탕 1큰술, 다진 파 1큰술, 다진 마늘 2작은술, 참기름 2작은술, 깨소금 2작은술, 후추 약간

만드는 방법

1. 애호박은 가늘고 작은 것으로 골라 4~5cm 정도 길이로 자르고 십자로 칼집을 내어 소금물에 절인다.
2. 쇠고기는 채 썰어 양념장과 함께 조물조물 무쳐서 양념이 배면 볶는다.
3. 표고버섯은 곱게 채 썰어 쇠고기를 볶고 남은 양념장에 볶는다.
4. 계란은 황백지단을 만들어 곱게 채 썬다.
5. 준비된 소를 칼집 낸 애호박에 잘 채운 후 육수로 약한 불에서 끓인다.

게살 애호박선

재료 : 게맛살 2개, 새우살 60g, 애호박 1개, 잣 1작은술, 밀가루

게맛살 양념: 다진 마늘 ½작은술, 설탕 ½작은술, 흰후춧가루 약간, 참기름 ½작은술, 소금 ⅓작은술

초간장 : 간장 1큰술, 물 1큰술, 식초 1큰술, 연겨자 1작은술, 설탕 1큰술

만드는 방법

1. 게맛살은 3등분하여 결결이 찢고 새우살은 곱게 다져서 잘 섞고 다진 마늘, 설탕, 후춧가루, 참기름, 소금을 넣어 간을 한다.
2. 애호박은 도톰하게 썰어 숟가락으로 씨 부분을 돌려 파서 우물 모양처럼 만든 후 소금물에 20분 정도 절인다.
3. 3의 호박의 물기를 뺀 후, 밀가루를 호박 안에 뿌린다.
4. 2의 반죽을 호박 속에 넣고 예쁘게 넣는다.
5. 모양이 완성된 호박선을 김이 오른 찜통에 넣고 쪄낸다.
6. 간장, 물, 식초, 설탕, 연겨자를 섞어 만든 초간장을 곁들인다.

6. 나물과 무침

애호박 눈썹나물

재료 : 애호박 1개, 소금 ½큰술, 마늘 3쪽, 실파 1뿌리, 홍고추 ½개, 식용유 1큰술, 참기름, 잣가루 약간

만드는 방법

1. 애호박을 반으로 갈라 숟가락으로 속을 파내고 얇게 저며서 눈썹 모양으로 만든다.
2. 눈썹 모양의 애호박에 소금을 고루 뿌려 절인 후 면보에 받쳐 가볍게 물기를 제거한다.
3. 속씨를 털어낸 홍고추와 실파는 가늘게 채 썰고, 마늘은 곱게 다진다.
4. 애호박에 다진 마늘, 실파채, 홍고추채를 넣고 조물조물 버무린다.
5. 식용유에 4를 넣고 볶는다. 아삭한 맛이 남도록 볶아 소금으로 간을 맞춘다. 참기름을 두르고 잣가루를 뿌려서 그릇에 담는다.

애호박 나물

재료 : 애호박 1개, 마늘 1쪽, 올리브오일 1큰술, 잔새우젓 · 참기름 · 야채즙 1작은술씩, 깨소금 · 소금 약간씩

만드는 방법

1. 애호박은 세로로 반을 갈라서 속씨가 많은 것은 살짝 도려내고 0.3cm 두께의 반달 모양으로 썬다.
2. 올리브오일에 썬 마늘을 볶다가 애호박을 넣어 다시 볶는다. 새우젓, 소금으로 간을 한 뒤에 참기름과 깨소금을 넣는다.

애호박 바지락 무침

재료 : 애호박 ½개, 바지락살 120g, 쌀가루 3큰술, 소금 약간, 청주

양념재료 : 청양고추 1개, 다진 파 1큰술, 다진 마늘 ⅓큰술, 간장 ⅔큰술, 가츠오부시 국물 ⅔큰술, 참기름 1큰술, 깨소금 1큰술

만드는 방법

1. 애호박은 반달모양으로 썰어서 소금을 약간 뿌리고 절여준다.
2. 바지락살은 끓는 물에 청주를 약간 넣고 데쳐서 물기를 뺀다.
3. 애호박은 절여서 소금물기가 있는 상태 그대로 쌀가루를 뿌려 쪄낸다.
4. 양념재료를 모두 섞어 양념장을 만든다.
5. 양념장과 호박, 조갯살을 함께 버무려준다.

7. 조림

단호박 닭날개조림

재료 : 단호박 300g, 닭날개 6개, 풋콩 3큰술, 다시마물 5큰술, 간장 1큰술, 소금 1작은술, 후춧가루 약간, 정종 1큰술, 생강즙 ½작은술

만드는 방법

1. 단호박은 깨끗이 씻어 반으로 갈라서 속을 긁어낸 후 5cm 두께로 도톰하게 썬다.
2. 풋콩은 껍질을 벗기고 흐르는 물에 씻어 둔다.
3. 손질한 닭날개는 칼집을 넣고 소금, 후춧가루, 생강즙을 뿌려 재워둔다.
4. 프라이팬에 기름을 두르고 재워둔 닭날개를 뒤집어가며 노릇노릇하게 굽는다.
5. 닭날개가 다 구워지면 적당히 깊은 팬이나 냄비에 옮긴 후 다시마 물과 정종을 붓고 끓인다.
6. 5의 국물이 잘 우러나면 단호박을 넣고 간장, 소금, 후춧가루로 간을 맞춰서 조린다(단호박이 달기 때문에 설탕이나 조청은 넣지 않는다).
6. 풋콩을 넣고 뜸을 들인 뒤에 불을 끈다.

단호박 완자조림

재료 : 닭안심 800g, 단호박 1개, 굵은 파 4대, 생강즙 2작은술, 간장 2작은술, 청주 4큰술, 녹말가루 4큰술, 물 8큰술, 식용유

조림장 : 다시마 국물 4컵, 간장 8큰술

만드는 방법

1. 단호박은 씨를 제거하고 껍질째 1cm 폭으로 썬다.
2. 닭고기는 잘게 다져서 준비하고, 파는 흰 부분만 잘라서 다져 놓는다.
3. 다진 닭고기에 파와 생강즙, 청주, 간장, 물, 녹말가루를 넣어서 완자를 빚는다.
4. 동그랗게 빚은 완자를 프라이팬에 기름을 두르고 노릇하게 굽는다.
5. 냄비에 다시마 국물과 맛술, 간장을 붓고 끓이다가 완자와 단호박을 넣고 단호박이 익을 때까지 뚜껑을 덮은 채로 조린다(단호박 조림은 설탕, 조청이 들어가지 않아도 충분히 달다).

단호박 조림

재료 : 단호박(中) 1개, 설탕 2큰술, 간장 5큰술, 식용유 1큰술

만드는 법

1. 호박은 씨와 속을 긁어내고 사방 3cm 크기, 1.5cm 두께로 썬다.
2. 호박의 ⅔가 잠길 정도의 물과 간장 및 식용유를 넣어 불에 올린다.
3. 호박이 익으면 설탕 2큰술을 넣고 진한 맛으로 하여 물기가 없어질 때까지 태우지 않도록 주의하여 조린다. 간혹 호박을 저어서 어느 정도 모양이 없어져도 좋다.

애호박 조림

재료 : 애호박 1개, 양파 ½개, 소금 ⅓큰술, 식용유 1큰술, 물 1컵, 새우젓 1큰술, 고춧가루 ½큰술, 다진마늘 ½큰술, 참기름 ½큰술, 깨소금 ½큰술

만드는 방법

1. 호박은 먹기 좋게 잘라 소금을 뿌려 30분 정도 절인다.
2. 1의 호박의 물기를 없앤 다음 양파와 함께 식용유 두른 팬에 넣고 볶는다.
3. 호박과 양파가 어느 정도 볶아지면 물을 붓고 중불에서 끓이다가 물이 자작해지면 양념을 넣고 조려준다.

애호박 된장조림

재료 : 애호박 1개, 청·홍 고추 2개씩, 새우젓 1작은 술, 된장 1큰술, 고춧가루 2작은술, 양파즙 1큰술, 다진 마늘 2작은술

육수 : 멸치 10마리, 물 6컵, 다시마 7cm×7cm 1장

만드는 방법

1. 멸치와 다시마로 육수를 끓인다. 애호박은 4등분하고 고추는 어슷하게 썬다.
2. 1의 육수 2컵에 된장과 새우젓을 넣고 끓이다가 호박과 나머지 재료를 넣고 호박에 된장색이 배도록 중불에서 조린다.

쥬키니 호박 전갱이조림

재료 : 쥬키니 호박 ½개, 전갱이 1마리, 양파 ⅓개, 청양고추 3개, 붉은 고추 1개, 굵은 파 ⅓대

조림 양념 : 간장 3큰술, 청주 · 고춧가루 2큰술씩, 다진 마늘 1큰술, 설탕 ½큰술, 다진 생강 1작은술, 깨소금 · 참기름 약간씩, 다시마 육수 3컵

만드는 방법

1. 쥬키니 호박은 세로로 갈라 도톰하게 썰고 양파는 굵게 채 썬다. 파는 어슷하게 썰고 붉은 고추와 청양고추는 저민다.
2. 전갱이는 깨끗이 손질한 후에 약간 어슷하게 토막을 내 깨끗이 씻어 둔다.
3. 냄비에 파와 양파 및 쥬키니 호박을 깔고 전갱이를 올린 뒤 조림 양념을 만들어 넣고 국물을 생선에 끼얹어가며 조린 다음 청양고추와 붉은 고추를 넣는다. 조림 국물이 자작해지면 불을 끈다.

호박씨 땅콩조림

재료 : 호박씨 1컵, 생땅콩 1컵, 조청 4큰술, 간장 3큰술, 물 ⅔컵

만드는 방법

1. 조청, 간장, 물을 먼저 ½ 정도까지 조린다.
2. 호박씨는 헹구어 물기를 빼 둔다.
3. 생땅콩은 끓는 물에 데쳐 물을 한 번 버리고 다시 데쳐낸다.
4. 2의 호박씨와 3의 생땅콩을 1의 조림장에 넣고 다시 조린다.

8. 전과 부침 그리고 튀김

늙은 호박전 I

재료 : 늙은 호박(중간 크기) 1/4통, 밀가루 2컵, 소금 1/2큰술, 식용유 조금

만드는 방법

1. 잘 익은 늙은 호박을 반으로 갈라 씨를 모두 파낸 후 큼직큼직하게 잘라서 껍질을 벗긴다.
2. 1의 늙은 호박을 채 썬다.
3. 호박에 밀가루를 골고루 섞은 후에 소금으로 간을 한다.
4. 뜨겁게 달군 프라이팬에 기름을 충분히 두르고 부친다.

늙은 호박전 II

재료 : 늙은 호박 1/4통, 계란 1개, 양파(中) 1/2개, 밀가루 2컵, 쪽파, 깻잎 5장, 풋고추, 조갯살(새우살), 물 1컵, 소금 1/2큰술

만드는 방법

1. 곱게 간 늙은 호박과 양파를 찹쌀가루(밀가루) 및 달걀 노른자와 섞어서 반죽한다.
2. 실파, 깻잎, 풋고추, 조갯살(새우살)을 먹기 좋게 썰고 1의 반죽에 잘 섞는다.
3. 프라이팬에 기름을 두르고 기호에 맞는 크기로 부친다.

단호박 크로켓

재료 : 단호박 $\frac{1}{4}$개, 양파 1개, 다진 쇠고기 200g, 계란 1개, 밀가루 1컵, 빵가루 1컵, 식용유

만드는 방법

1. 단호박은 푹 삶아 껍질을 벗기고 으깬 후에 볶아서 수분을 증발시킨다.
2. 다진 쇠고기에 마늘과 후추로 간을 하여 볶아서 식혀 둔다.
3. 양파도 잘게 다져서 마늘과 후추로 간을 한다.
4. 위의 재료를 섞은 다음 둥글고 도톰하게 빚는다.
5. 밀가루, 계란물, 빵가루 순으로 입혀서 170℃의 기름에 튀긴다.

아몬드소스 단호박 튀김

재료 : 단호박 $\frac{1}{2}$개, 슬라이스 아몬드 4큰술, 레몬즙, 핫소스 1큰술, 파슬리 가루, 머스터드 약간, 소금, 후춧가루, 식용유 약간, 녹말가루, 튀김기름 적당량

만드는 방법

1. 단호박은 속만 파내고 껍질은 그대로 둔 채 손질해서 사방 3cm 크기로 납작하게 썬다.
2. 소금과 후춧가루로 간을 한 뒤, 녹말가루를 고루 뿌리고는 물기를 먹도록 한다.
3. 170℃의 기름에 넣고 녹말가루가 바삭해질 때까지 튀긴다. 기름이 빠지도록 소쿠리에 키친타월을 깔고 튀김을 서로 겹치지 않게 건져놓는다.
4. 아몬드를 볶다가 레몬즙, 핫소스, 머스터드를 넣어 잘 섞어주고 소금과 후춧가루를 뿌린다.
5. 접시에 기름기를 뺀 3을 담고 4의 소스를 끼얹은 다음 파슬리 가루를 뿌려서 완성한다.

단호박 모듬 야채 튀김

재료 : 단호박 ⅓개, 양파 1개, 풋고추 1개, 고구마 ½개, 피망 ½개, 당근 ½개, 피망

반죽재료 : 튀김가루, 카레가루, 소금 약간, 계란 1개

만드는 방법

1. 단호박은 씨를 뺀 다음 껍질째로 채 썰어 놓는다.
2. 그 밖의 다른 야채들도 깨끗이 다듬어서 씻은 뒤에 채 썰어 둔다.
3. 볼에 튀김가루와 카레가루를 섞고 계란과 물을 조금 넣고 반죽한다.
4. 3의 반죽에 채 썬 단호박과 야채를 넣어 섞은 후, 기름에 한 젓가락씩 떼어 넣고 노릇하게 튀긴다.

단호박 버섯탕수

재료 : 단호박 100g, 표고버섯 5장, 새송이버섯 · 청피망 · 홍피망 · 오이 · 가지 1개씩, 사과 ½개, 밀가루 1½컵

소스

- 녹말물 : 녹말 2큰술, 물 ½컵
- 튀김옷 : 계란흰자 1개 분량, 녹말가루 · 밀가루 5큰술씩, 식용유 적당량
- 양념장 : 간장 1큰술, 조청 · 식초 3큰술씩, 소금 1큰술

만드는 방법

1. 단호박, 표고버섯, 새송이버섯, 가지는 먹기 좋은 크기로 썰고 피망, 오이, 사과는 단호박보다 작게 썬다.
2. 단호박, 표고버섯, 새송이버섯, 가지는 밀가루 튀김옷을 입혀서 살짝 튀겨 그릇에 담는다.
3. 오이, 사과, 피망에 기름을 넣어 볶다가 분량의 재료를 섞은 양념장을 넣고 끓인다. 한소끔 끓어오르면 녹말물을 넣어 걸쭉하게 만들어 2와 함께 낸다.

애호박 우유전

재료 : 우유 1컵, 밀가루 1컵, 애호박 ¼개, 소금, 식용유 약간씩

초간장 : 간장 3큰술, 식초 1큰술, 설탕 ½작은술

만드는 방법

1. 애호박은 깨끗이 씻어서 채 썬다.
2. 밀가루, 소금에 우유를 넣어 멍울이 생기지 않도록 잘 반죽한 뒤 애호박채를 넣는다.
3. 2의 반죽을 얇게 펴서 부친다.
4. 간장, 식초, 설탕을 섞어 초간장을 만든다.
5. 접시에 전을 담고 초간장을 곁들여 낸다.

애호박 크로켓

재료 : 애호박 ½개, 계란 1개/ 소금 ½큰술, 밀가루 약간, 꽃소금 약간, 빵가루, 튀김기름 적당량

두부소 : 두부 ⅓모, 양파 ¼개, 다진 마늘 ½작은술, 소금 ⅓작은술, 깨소금과 후춧가루 약간, 참기름 적당량

만드는 방법

1. 애호박을 씻어서 0.8cm 두께로 썬 다음 입을 벌리는 모양이 되도록 가로로 중간 지점까지 칼집을 넣는다.
2. 1에 고운 꽃소금을 살짝 뿌려서 절인다. 숨이 죽으면 물에 헹궈서 물기를 잘 닦는다.
3. 두부는 물기가 없도록 해서 으깨고, 곱게 다진 양파와 나머지 양념을 섞어 충분히 치대어 두부소를 만든다.
4. 애호박에 낸 칼집 사이에 밀가루를 뿌려준 다음 호박의 칼집 사이에 3을 채워 넣는다.
5. 소를 채운 애호박 표면에 밀가루를 뿌려준 다음 계란물에 적셔 빵가루를 고루 묻혀서 170℃의 식용유에 노릇하게 튀겨낸다.

애호박전 말이

재료 : 애호박 1개, 당근 ¼개, 말린 표고버섯 4개, 쇠고기 60g, 청·홍고추 1개, 계란 1개, 후춧가루 약간, 참기름 1큰술, 깨소금 1작은술, 소금 1큰술, 밀가루, 식용유 적당량

만드는 방법

1. 애호박은 4cm 길이로 잘라 소금물에 살짝 절인 다음 얇게 돌려깎는다. 껍질을 다시 소금물에 가볍게 절였다가 건져 물기를 닦는다.
2. 당근과 청·홍고추, 표고버섯, 쇠고기는 4~5cm 길이로 채 썬 뒤 각각 참기름에 볶아 소금과 후춧가루로 간을 한다.
3. 1의 안쪽에 밀가루를 뿌리고 계란물에 적셔 기름 두른 팬에서 약한 불에 호박을 지져낸다.
5. 3이 부드러워지면 꺼내 채 썬 야채와 고기를 돌돌 만 다음에 먹기 좋게 잘라서 접시에 담는다.

애호박 참치전

재료 : 애호박 160g, 참치캔 100g, 홍고추 1개, 소금, 계란 2개, 식용유 2큰술, 밀가루 100g, 부침가루 40g

만드는 방법

1. 애호박과 씨를 뺀 홍고추를 다진다.
2. 참치는 기름을 제거한다.
3. 밀가루에 참치, 호박, 홍고추, 계란, 마늘을 넣고 후추, 소금으로 간을 하여 잘 반죽한다.
4. 팬에 기름을 두르고 3의 반죽을 한 국자씩 떠서 노릇노릇하게 부쳐낸다.

삼색전

재료 : 애호박 1개, 포 뜬 대구살 200g, 굴 200g, 밀가루 약간, 계란 약간, 식용유 약간, 소금 · 흰 후추 약간씩

만드는 방법

1. 둥글게 썬 호박과 대구살 및 소금물에 씻어 건진 굴에 소금과 후춧가루를 뿌린다.
2. 호박, 대구살, 굴에 밀가루를 고루 입히고 계란물에 적셔서 지진다.

9. 볶음과 구이

단호박 양파구이

재료 : 단호박 ½개, 양파 1개, 마늘 15쪽, 로즈마리 4~5줄기, 올리브유 5큰술, 소금 1큰술, 후춧가루 약간

만드는 방법

1. 단호박은 잘 씻어 씨를 빼고 껍질째 반달 모양으로 잘라서 준비한다.
2. 양파는 6등분으로 나눈다. 마늘은 모양대로 납작하게 썬다.
3. 오븐 팬에 준비한 재료를 얹고 올리브유와 소금, 후춧가루를 골고루 뿌리고 로즈마리 줄기를 보기 좋게 올려놓는다.
4. 170℃로 예열한 오븐에서 30분 동안 굽는다.

단호박 치즈구이

재료 : 단호박 400g, 소금 2작은술, 피자치즈 50g, 생크림 100g, 파슬리가루 약간

만드는 방법

1. 단호박은 씨를 빼고 껍질째 2cm 두께로 썰어서 찜통에 찐다.
2. 생크림에 소금으로 간을 한다.
3. 단호박에 생크림과 피자치즈를 얹은 다음 200℃로 예열한 오븐에서 10~15분 동안 구워낸 후 파슬리가루를 뿌린다.

단호박 꿀소스구이

재료 : 단호박, 꿀 1컵, 잣 1큰술, 호박씨 1큰술, 해바라기씨 1큰술, 식초 1큰술, 간장 ½작은술

만드는 방법

1. 단호박은 껍질째 6등분하여 씨를 없앤다.
2. 단호박을 프라이팬이나 오븐에 익힌다.
3. 꿀에 간장, 잣, 호박씨, 해바라기씨, 식초를 넣어 소스를 만든다.
4. 단호박에 3의 꿀소스를 올린다.

단호박 베이컨구이

재료 : 단호박 ½개, 베이컨 5쪽, 버터 2큰술, 밀가루, 파슬리가루

만드는 방법

1. 깨끗이 씻은 단호박을 반으로 잘라 속을 제거한다. 5cm 두께의 세모꼴로 썬다.
2. 작은 체에 밀가루를 넣고 손으로 톡톡 치면서 호박에 고루고루 가볍게 뿌려준다.
3. 베이컨으로 호박을 말아서 끝을 꼬치를 꽂아 고정시킨 후 버터를 녹여서 껍질 부분만 제외하고 고루 발라준다.
4. 200℃ 오븐에 넣고 20분 정도 구워서 꺼낸 다음 다시 버터를 살짝 발라주고 파슬리 가루를 뿌려서 바삭해질 때까지 굽는다.

단호박 해물 떡볶이

재료 : 단호박 1개(1kg), 조랭이떡 400g, 어묵 2장, 오징어 1마리, 새우 100g, 양파 ½개, 양배추, 대파 1뿌리, 깻잎 10장, 당근 ½개

양념재료 : 물 ½컵, 고추장 2큰술, 고추가루 1큰술, 설탕 1큰술, 물엿 3큰술, 후춧가루(약간) 다시다 ½큰술, 다진 마늘 1큰술

만드는 방법

1. 단호박은 꼭지를 도려내고 속을 파내어 그릇 모양으로 만든 후, 찜통에 찐다.
2. 오징어는 내장을 제거하고 다듬어 링 모양이 되도록 잘라서 끓는 물에 소금 약간과 함께 넣고 살짝 데친다.
3. 프라이팬에 기름을 두르고 깻잎을 제외한 야채를 살짝 볶다가 오징어, 떡, 새우, 어묵을 넣고 한 번 더 볶는다.
4. 양념재료를 섞어 만든 양념장을 넣고 센불에 팔팔 끓인다.
5. 불을 끄고 깻잎과 약간의 참기름을 넣는다.
6. 완성된 해물떡볶이를 단호박에 담는다.

마파소스 단호박 볶음

재료 : 단호박 중간 것 ½개, 베이컨 5장, 다진 고기 150g, 파 1대, 마늘 5쪽, 양파(大) ½개, 홍고추 1개, 생강 조금, 식용유 5큰술, 소금, 후추 조금씩, 깨소금, 두반장 1큰술, 간장 1큰술, 요리술 2큰술, 설탕 1큰술, 참기름 1큰술, 녹말가루 1큰술, 물 1컵

만드는 방법

1. 단호박은 씨를 제거하고 전자렌지에 2~3분간 살짝 익힌 후 적당한 크기로 자른다.
2. 양파, 고추, 마늘, 파 등 야채를 잘게 다진다.
3. 팬에 기름을 넉넉히 두르고 호박을 볶는다.
4. 양파, 파, 마늘을 먼저 볶아서 향을 내고, 나머지 재료를 넣어서 다시 볶는다.
5. 두반장과 갖은 양념을 넣어 볶다가 물 한 컵에 잘 푼 녹말가루를 넣고 양념이 투명해질 때까지 졸이다가 참기름과 후춧가루를 넣는다.
6. 6에 볶아 놓은 호박을 넣고 양념이 고루 스며들게 잠시 놓아둔다.

단호박 마늘 볶음

재료 : 단호박 작은 것 1개(1kg), 마늘 2조각, 다진 파슬리, 기름 3큰술, 버터 2큰술, 소금, 후추 약간씩

만드는 법

1. 단호박을 1~1.5cm 두께의 빗살 모양으로 자른다. 껍질은 드문드문 벗긴다.
2. 팬에 기름을 넉넉히 두르고 1의 단호박을 뒤집어가며 익힌다.
3. 마늘을 다진다.
4. 팬에 버터 2큰술을 녹이고 마늘을 넣어서 적당히 색이 나도록 볶는다.
5. 2의 호박을 같이 볶으면서 소금과 후추를 뿌리고 불을 끈다.
6. 다진 파슬리를 뿌리고 접시에 놓는다.

애호박 구이

재료 : 애호박 1개, 식용유 약간

양념장 : 간장 2큰술, 고춧가루 1작은술, 다진 파 ½큰술, 다진 마늘 1작은술, 참기름 · 통깨 약간

만드는 방법

1. 애호박은 둥근 모양대로 0.4cm 두께로 썬다.
2. 분량의 재료로 양념장을 만든다.
3. 팬에 식용유를 두르고 애호박을 지져서 접시에 담고 양념장을 뿌린다.

애호박 양념장구이

재료 : 애호박 1개, 식용유 2큰술

양념장 재료 : 파 ½뿌리, 마늘 2쪽, 국간장 1큰술, 새우젓국물 1큰술, 고춧가루 1큰술, 깨소금 · 참기름 적당량

만드는 방법

1. 호박은 도톰하게 통썰기한다.
2. 기름에 호박을 익힌다.
3. 국간장과 새우젓 국물을 섞은 후 다진 파, 다진 마늘, 고춧가루, 깨소금, 참기름을 넣어 양념장을 만든다.
4. 호박을 그릇에 펼쳐 담고 양념장을 조금씩 끼얹어 낸다.

애호박 닭꼬치구이

재료 : 닭가슴살 200g, 애호박 ½개, 굵은 파 1대, 식용유 조금

간장소스 : 간장 2큰술, 청주 · 물 1큰술씩, 물엿 ½작은술, 설탕 · 조미술 · 녹말가루 1작은술씩

만드는 방법

1. 애호박은 2.5cm 길이로 잘라서 부채꼴로 4등분한다.
2. 닭가슴살은 사방 3cm 크기로 자르고, 파는 2cm 길이로 썬다.

소스에 재기

3. 냄비에 소스 재료를 넣고 잠깐 끓이다가 녹말가루를 물에 개어 넣고 걸쭉하게 끓여서 식혀둔다.

꼬치 굽기

4. 꼬치에 애호박, 닭고기, 파순으로 번갈아 꿴다. 소스를 발라가며 굽는다.

애호박 가지 된장구이

재료 : 애호박, 가지, 홍고추, 식용유 3큰술, 된장 2큰술, 다진 파, 다진 마늘, 물엿, 깨소금, 참기름

만드는 방법

1. 애호박과 가지는 둥글게 어슷썰기 한다.
2. 홍고추는 씨를 빼고 다진다.
3. 된장에 다진 홍고추와 다진 파 및 다진 마늘을 넣고 깨소금, 참기름, 물엿을 넣어서 버무려 된장양념을 만든다.
4. 호박과 가지의 한 면에만 3의 된장양념을 조금씩 펴 바른다.
5. 팬에 기름을 두르고 호박과 가지를 양념을 바르지 않은 쪽이 팬에 닿게 해서 약한 불에 뒤집시 않고 굽는다.

애호박 미트소스 구이

재료 : 애호박 1개, 모차렐라 슬라이스 치즈 40g, 파슬리 가루, 소금, 버터 약간

미트소스 : 다진 쇠고기 100g, 양파, 토마토 1개, 케첩 3큰술, 다진 마늘, 설탕, 토마토 페이스트, 붉은 포도주 1큰술, 월계수잎 1장, 소금, 후춧가루 약간)

만드는 방법

1. 토마토와 양파는 껍질을 벗기고 잘게 다진다.
2. 버터에 양파와 마늘 및 쇠고기를 넣고 볶다가 다진 토마토와 소스 재료들을 넣고 자작하게 끓여서 소금과 후춧가루로 간을 한다.
3. 애호박은 반으로 갈라 속을 파내고 긴 그릇 모양으로 만든다. 끓는 물에 소금을 넣고 가볍게 데치고는 물기를 닦는다. 소금과 후춧가루로 간을 하고 밀가루를 살짝 묻힌다.
4. 애호박에 걸쭉하게 끓인 2를 담고 모차렐라 치즈를 듬뿍 뿌린다.
5. 200℃로 예열한 오븐에 4를 넣고 윗면이 노릇해지도록 구워서 파슬리 가루를 뿌린다.

애호박 볶음

재료 : 애호박 400g, 마늘 2쪽, 파슬리 1½큰술, 물 1큰술

만드는 법

1. 애호박은 반달 모양으로 얇게 썬다.
2. 마늘은 다져서 준비한다.
3. 파슬리는 흐르는 물에 씻어 먼지를 닦아낸 다음 마른 행주로 물기를 닦고 다진다.
4. 팬에 호박과 물을 넣고 볶다가 마늘과 소금으로 간을 한 뒤 재빨리 볶아서 모양이 망가지지 않도록 한다.
5. 접시에 담고 다진 파슬리를 뿌린다.

애호박 새우젓 볶음

재료 : 애호박 100g, 새우젓, 식용유 1큰술, 양파 50g, 마늘, 참깨 약간

만드는 방법

1. 애호박은 0.2cm 두께로 반달모양으로 썬다.
2. 양파는 껍질을 벗기고 씻어서 0.2cm 두께로 가늘게 채 썬다.
3. 마늘은 모양대로 납작하게 썰어 놓는다.
4. 팬에 기름을 두르고 애호박과 양파 및 마늘을 볶다가 새우젓으로 간을 한다.
5. 그릇에 담은 후에 참깨를 뿌린다.

애호박 돼지고기 볶음

재료 : 애호박 ½개, 돼지고기 250g, 청주 1큰술, 마늘 3쪽, 마른 홍고추 2개, 올리브유 1큰술, 굴소스 1작은술, 소금 ½작은술, 후춧가루 ¼작은술

만드는 방법

1. 애호박은 도톰하게 반달 모양으로 썬다.
2. 돼지고기는 살코기로 준비해 먹기 좋은 크기로 네모지게 썬다.
3. 마늘은 도톰하게 저미고 마른 홍고추는 큼직하게 자른다.
4. 팬에 올리브유, 마늘, 마른 홍고추를 넣어 기름에 향이 배도록 볶은 뒤 돼지고기와 청주를 넣어 볶는다.
5. 돼지고기가 익으면 애호박을 넣어 볶다가 굴소스와 소금으로 맛을 내고 후춧가루로 간을 한다.

말린 애호박 볶음

재료 : 말린 애호박 30g, 식용유 1큰술, 멸치국물 ½컵, 참기름 ½작은술, 통깨 ½작은술, 소금 약간, 국간장 1큰술, 다진 파 1큰술, 다진 마늘 ½큰술

만드는 방법

1. 말린 애호박은 살짝 씻어 건져 불린 후에 부드러워지면 물기를 짠다.
2. 물기를 짠 호박에 국간장, 다진 파, 마늘을 넣고 버무린 후, 식용유를 넣고 볶는다.
3. 2에 멸치 국물을 붓고 끓이다가 뚜껑을 덮은 후 약한 불에서 위아래를 섞어가며 익힌다.
4. 다 볶아지면 소금으로 간하고, 참기름, 통깨를 넣는다.

호박씨 멸치 볶음

재료 : 멸치 100g, 호박씨 100g, 간장 2큰술, 조청 2큰술, 식용유 3큰술, 설탕 1큰술, 통깨 1작은술

만드는 방법

1. 식용유, 간장, 조청, 설탕을 모두 팬에 넣고 끓인다. 끓으면 멸치를 넣고 볶는다.
2. 1에 호박씨를 넣어서 다시 한 번 볶고 통깨를 뿌려낸다.

10. 김치

늙은 호박 김치 I

재료 : 늙은 호박 $\frac{1}{4}$개(1kg), 소금(천일염) A 2큰술, 배추 $\frac{1}{2}$통(1kg), 소금(천일염) B $\frac{1}{2}$컵(75g), 쪽파(中) 10개, 다진 마늘 2작은술, 다진 생강 1작은술, 고춧가루 $\frac{1}{2}$컵, 소금 $\frac{1}{2}$작은술

만드는 방법

1. 늙은 호박은 반으로 갈라서 씨를 빼고 껍질을 벗겨서 4×4cm 크기에 1cm 두께로 도톰하게 썬다. 굵은 소금(천일염) 2큰술을 뿌려서 절인 후, 소금물에서 헹구어 소쿠리에 담아 소금물기를 뺀다.
2. 배추를 깨끗이 씻어서 굵은 소금 $\frac{1}{2}$컵을 고루 뿌리고 절인 후 물에 헹구어서 건진 다음 물기를 빼고 4×4cm 크기로 썬다.
3. 쪽파도 다듬어 씻고 물기를 뺀 후에 5cm 길이로 썬다.
4. 1과 2의 호박과 배추에 고춧가루 $\frac{1}{2}$컵을 넣어서 버무리다가 다진 마늘, 다진 생강, 쪽파를 넣고 버무려서 준비된 김치통에 담는다.

※ 호박 김치는 찌개로 지져서 먹으면 별미이다.

늙은 호박 김치 II

재료 : 늙은 호박 500g, 배추속대 ½포기, 무청 200g, 물 5컵, 소금 ½컵, 민물새우 200g, 대파 1뿌리, 갓·쪽파 100g씩, 미나리 50g

양념재료 : 통마늘 3통, 생강 2톨, 고춧가루 2컵, 멸치생젓 2컵, 조청 1컵, 통깨 3큰술

만드는 방법

1. 늙은 호박은 껍질과 속을 제거하고 5cm 크기로 도톰하게 썬다.
2. 소금 ½컵을 물에 녹여 만든 소금물로 절인 배추속대와 무청을 5cm 길이로 썬다.
3. 미나리와 갓, 쪽파는 5cm 길이로 썰고, 대파는 3cm 길이로 어슷썰기 한다.
5. 민물새우는 깨끗이 씻어서 물이 빠지도록 바구니에 담아둔다.
6. 모든 재료를 한데 모아 버무려서 항아리에 잘 눌러담은 후 무청으로 우거지를 친다.
7. 이틀 동안 두었다가 끓여서 식힌 김칫국물을 붓고 맛이 들 때까지 익힌다.

찌개용 늙은 호박 김치

재료 : 늙은 호박 250g, 배추(대신 열무, 무, 알타리를 사용할 수 있다) 250g, 파, 마늘, 생강, 새우젓(액젓) 4큰술, 마른 고추(고춧가루)

만드는 방법

1. 껍질을 벗긴 늙은 호박을 사방 4cm 크기에 1~1.5cm 두께로 썰고 액젓에 담가 재운다.
2. 소금에 절인 배추를 깨끗하게 씻어서 건져 둔다.
3. 마른 고추(고춧가루)는 물에 불려서 마늘 및 생강과 함께 갈아 둔다.
4. 1의 늙은 호박에 배추, 갈아놓은 3의 양념과 파 등을 넣고 버무려서 꼭꼭 눌러 보관한다.
5. 익으면 냄비에 쌀뜨물을 적당히 붓고 익혀서 먹는다.

늙은 호박 게국지 김치

재료 : 늙은 호박 1통, 무청 1kg, 배추 1.6kg, 다진 마늘 2큰술, 다진 생강 2큰술, 간 고추 3컵, 능쟁이젓 1컵(새우젓), 액젓, 파 100g

만드는 방법

1. 늙은 호박은 껍질을 벗기고 씨를 빼낸 뒤 사방 4cm 크기에 0.5cm 두께로 나박하게 썰어서 소금에 절인다.
2. 무청과 배추는 소금에 절인 후에 씻어낸다.
3. 거칠게 간 고추를 배추와 무청에 섞어서 버무린다.
4. 기타 양념을 넣고 능쟁이젓(새우젓)과 액젓으로 간을 맞춰서 버무린 다음 항아리에 꼭꼭 눌러 담아 익힌다.
5. 익으면 뚝배기에 쌀뜨물을 붓고 끓여서 먹는다.

11. 장아찌

늙은 호박 장아찌

재료 : 늙은 호박, 된장(간장)

만드는 방법

1. 늙은 호박을 반으로 쪼개 씨를 빼내고 껍질을 벗긴 후 네모로 썰어서 꼬들꼬들 말려서 된장(간장)에 넣어 둔다.
2. 호박에 간이 배면 꺼내어 밑반찬으로 먹는다. 기호에 따라 양념에 무쳐 먹어도 된다.

4-3 떡과 한과류

1. 떡

늙은 호박 송편

재료 : 멥쌀 1되, 소금 1큰술, 노란 호박 삶은 것 1컵, 끓는 설탕물 ½컵, 소금 1작은술

소 재료 : 울타리콩 2컵에 설탕 ½컵, 소금물 약간, 물 6컵을 넣고 삶는다.

만드는 방법

1. 불린 멥쌀 가루를 소금을 넣고 빻는다.
2. 멥쌀 가루를 고운 체로 친다.
3. 2에 호박 삶은 것과 끓는 설탕물(설탕 : 물 = 1 : 1)을 넣고 익반죽한다(반죽이 너무 질어지지 않도록 물을 넣어가며 반죽한다).
4. 반죽에 소를 넣고 예쁘게 빚어 솔잎을 깔고 찜통에 찐다.

단호박 설기

재료 : 단호박 100g, 멥쌀가루 1컵, 물 ½큰술, 설탕 1큰술, 호박씨

만드는 방법

1. 단호박은 살짝 쪄서 껍질을 벗기고 완두콩 크기 정도로 대강 다진다.
2. 멥쌀가루에 물과 설탕을 넣고 손으로 비벼 고슬고슬하게 만든 다음에 골고루 섞는다
3. 2에 단호박을 넣고 버무린다.
4. 시루에 김이 오르면 창호지를 깔고 틀에 3을 담고 보자기를 씌워 20분 정도 찐다. 그릇에 옮겨 담고 호박씨를 올려서 장식한다.

콩가루를 묻힌 단호박 찰떡

재료 : 단호박 ¼개, 찹쌀가루 2컵, 콩가루, 메이플시럽, 다진 너트 적당량, 식용유 약간, 물 1컵

만드는 방법

1. 단호박은 깨끗하게 씻어서 씨를 제거하고 사방 2cm 크기로 잘라 찐다.
2. 볼에 찹쌀가루에 물을 넣고 손으로 비벼 섞은 다음 젖은 면보를 깐 시루에 올려서 20분 동안 찐다.
3. 2의 찰떡을 절구나 볼에 넣고 매끈해질 때까지 여러 번 친다.
4. 손에 기름을 묻힌 뒤 3의 찰떡 반죽을 조금씩 떼어서 1의 단호박을 하나씩 넣고 오므린다.
5. 4를 콩가루에 굴린 다음 다진 너트와 메이플시럽을 뿌린다.

늙은 호박고지 찰시루떡

재료 : 찹쌀 10컵, 소금 2큰술, 호박고지 200g, 고물(녹두 4컵, 소금 약간)

만드는 방법

1. 호박고지는 3~4cm 크기로 자르고 물에 헹구어서 건져 불린다.
2. 찹쌀가루에 호박고지와 설탕을 넣고 잘 섞는다.
3. 시루에 시루 밑을 깔고 녹두 고물을 깐 뒤에 2를 안치고 위에 다시 녹두 고물을 뿌려 찐다.

호박 경단

재료 : 쌀가루 3컵, 찹쌀가루 2컵, 호박가루 1컵, 콩고물, 소금 ½큰술

만드는 방법

1. 쌀가루, 찹쌀가루, 호박가루를 고루 섞어서 끓는 소금물을 넣고 귓밥 정도로 익반죽한다.
2. 익반죽한 것을 둥글게 빚어 끓는 물에 익힌다.
3. 익은 경단이 떠오르면 찬물에 헹궈서 물기를 빼고 콩고물을 입힌다.

2. 한과

호박 양갱

재료 : 늙은 호박 300g, 한천 15g, 생강, 계핏가루 약간, 설탕 1컵, 물엿 1컵, 소금 ¼작은술

만드는 방법

1. 껍질을 벗기고 씨를 제거한 늙은 호박에 생강과 계피를 넣고 삶는다.
2. 삶은 호박을 믹서에 간 후 냄비에 넣고 끓인다.
3. 찬물에 잘 헹군 한천을 물에 넣고 약불로 끓이면서 녹인다.
4. 끓고 있는 호박에 한천 녹인 것을 넣고 설탕과 물엿을 부은 다음 나무주걱으로 저어가며 ½ 정도 되게 졸인다.
5. 모양이 있는 그릇을 물로 헹궈내고 닦은 다음에 4를 넣고 굳힌다.

호박씨 강정

재료 : 호박씨 1컵, 조청 $\frac{1}{4}$컵, 흑설탕 2작은술, 올리브유 $\frac{1}{2}$작은술

만드는 방법

1. 조청, 흑설탕, 올리브유를 약한 불에서 실이 생길 때까지 나무주걱으로 저어가며 익힌다.
2. 호박씨를 1에 넣고 잘 섞어 도마 위에 놓고 밀대로 0.5cm 두께로 밀어 준다.
3. 완전히 굳기 전에 적당한 크기로 자른다.

4-4 기타

1. 음청류

호박 꿀단지

재료 늙은 맷돌호박 1개, 꿀 1컵, 대추 1컵

만드는 방법

1. 꼭지부분을 도려내고 씨를 모두 제거한 호박 속에 꿀과 씨를 뺀 대추를 넣고 도려낸 꼭지를 다시 막는다.
2. 찜통에서 충분히 무를 때까지 찐 다음 체에 받쳐서 물을 내린다.
3. 보관은 냉장고에 하고 먹을 때마다 조금씩 데워서 마신다.

호박 식혜

재료 : 늙은 호박 1개, 엿기름 1되, 된밥 2공기, 생강 3쪽, 설탕 적당량

만드는 방법

1. 엿기름 앙금을 우려내어 밥과 함께 삭힌다.
2. 늙은 호박을 푹 삶아 과육만 체에 거른다.
3. 2에 엿기름 삭힌 물과 생강을 넣어 약한 불로 3시간 정도 끓인다.
4. 기호에 따라 설탕을 넣어 먹는다.

호박차

재료 : 늙은 호박 ¼개(1kg), 생강 15g, 대추 50g, 계피(기호에 따라)

만드는 방법

1. 칼집을 넣은 대추, 생강, 계피를 푹 고아서 생강물을 준비한다.
2. 호박은 껍질을 벗기고 씨를 파낸 후에 얇게 썬다. 1의 생강물을 부어서 삶는다.
3. 삶은 호박을 믹서에 넣고 곱게 간다.
4. 곱게 간 호박을 다시 냄비에 넣고 끓인 뒤에 잣을 띄워서 마신다.

2. 후식류

늙은 호박 컵케이크

재료 : 늙은 호박 1½컵, 황설탕 ⅔컵, 올리브유, 우유 ½컵, 박력분 2컵, 베이킹파우더 1작은술, 베이킹소다 ½작은술, 소금 약간, 시나몬 가루

만드는 방법

1. 껍질을 벗기고 씨를 제거한 늙은 호박을 얇게 저민 후 채 썬다.
2. 달걀과 설탕을 그릇에 담고 잘 섞은 후 올리브유와 우유를 넣고 거품기로 잘 젓는다.
3. 밀가루, 베이킹파우더, 베이킹소다, 소금을 체에 받쳐 거른다. 2에 넣고 골고루 섞는다.
4. 3에 잘게 썬 호박을 넣고 잘 섞어 반죽한 뒤에 시나몬 가루를 뿌린다.
5. 컵케이크 용기나 컵(오븐용)에 반죽이 붙지 않도록 올리브유나 버터를 얇게 바르고 반죽을 컵의 ⅔ 정도만 담은 후 180℃로 예열된 오븐에 넣고 30~40분 정도 구워서 완성한다.

호박잼

재료 : 늙은 호박 700g, 사과 300g, 설탕 600g, 생강 약간

만드는 방법

1. 늙은 호박과 사과를 껍질과 씨를 제거한 후 잘게 썰어 생강물을 넣고 곱게 간다.
2. 갈아 놓은 호박과 사과를 설탕과 함께 냄비에 넣고 저어가며 조린다.
3. 완성된 잼은 뜨거운 상태로 열탕에서 소독한 병에 담는다.

호박묵

재료 : 늙은 호박 1개(3kg), 청포묵 가루 400g, 소금 3큰술

만드는 방법

1. 늙은 호박은 껍질과 씨를 제거한 후 잘게 조각낸다.
2. 1을 잠길 정도의 물에 삶은 다음에 체에 내린다.
3. 2의 호박물에 청포묵 가루를 6:1의 비율로 넣고 죽을 쑤듯 계속 끓이면서 소금으로 간한다. 이때 고루 잘 저어주어야 쫄깃해지며 타지 않는다.

단호박파이

재료 : 단호박 ½개, 슬라이스 아몬드 ¼컵, 슈거파우더 적당량

파이반죽 : 밀가루 2컵, 버터 4큰술, 달걀노른자 2개, 우유 4큰술, 소금약간

호박퓌레 : 단호박 ½개, 버터 1큰술, 생크림 1큰술, 넛멕 ½작은술, 소금, 설탕, 후춧가루 약간

만드는 방법

1. 단호박 ½개는 속을 깨끗이 파내고 껍질은 벗기지 않은 채 0.5cm 두께로 썬다.
2. 나머지 호박 ½개는 찜통에 쪄서 작게 썬다. 버터를 두른 냄비에 넣고 으깨가며 볶는다.
3. 2에 소금, 설탕, 후춧가루, 넛멕을 넣고 조리다가 생크림을 넣어서 퓌레를 만든다.
4. 밀가루에 버터를 넣어 1차로 반죽한 후, 달걀노른자, 소금, 우유를 섞어 2차 반죽을 한다. 반죽은 비닐로 싸서 냉장고에 20분 정도 보관한다.
5. 0.4cm 두께로 동그랗게 밀어 준비한 파이바트 위에 3을 얹고 200℃로 예열한 오븐에 잠깐 동안 구워낸다.
6. 5에 1의 단호박을 둥글게 펴서 얹는다. 그 위에 슬라이스 아몬드를 뿌리고 200℃로 예열된 오븐에 넣어서 노릇해지도록 굽는다.
7. 완성된 파이에 슈거파우더를 뿌린다.

단호박고

재료 : 단호박 1개, 밤 10g, 호두 10g,대추 10g, 잣 5g, 배 ½개, 수삼 20g, 생강 15g, 꿀 80g

만드는 방법

1. 단호박은 윗부분을 잘라서 뚜껑처럼 만든 후에 씨를 깨끗이 제거한다.
2. 밤은 껍질을 벗겨 납작하게 썰고, 호두, 대추, 잣은 모두 잘게 다져서 준비한다.
3. 배는 강판에 갈고, 생각은 납작하게 4~5조각 정도 잘라둔다. 수삼은 얇게 썰어서 준비한다.
4. 2와 3의 재료를 꿀과 함께 단호박 속에 넣고 뚜껑을 덮은 뒤 밀가루 반죽으로 봉한다.
5. 단호박을 40분간 찜솥에 넣고 쪄낸 후 밀가루 반죽을 떼어낸다.

단호박 샐러드

재료 : 단호박 ¼개, 물 1큰술, 소금 적당량

귤 드레싱 : 귤(中) 3개, 캐슈너트 ½컵, 소금 1작은술

만드는 방법

1. 단호박은 전자레인지에 6분 동안 돌린 후에 씨를 제거한다. 먹기 좋은 크기로 썰어서 내열용기에 담고 물, 소금을 함께 넣고 랩으로 봉한 뒤 전자레인지에서 3~4분 동안 익혀준다.
2. 귤은 껍질을 까고 캐슈너트, 소금과 함께 믹서에 곱게 간다(귤 : 캐슈너트 = 1 : 1).
3. 단호박 익힌 것 위에 드레싱을 얹어 낸다.

단호박 치즈그라탕

재료 : 단호박 ⅙개, 귤 2개, 밀가루 1작은술, 우유 ¼컵, 모차렐라 치즈 약간, 버터 1큰술

만드는 방법

1. 단호박은 껍질을 벗기고 깍둑썰기를 하여 내열용기에 담고 물 2큰술을 넣고 전자레인지에서 1분 동안 돌린다.
2. 귤은 껍질을 벗기고 조각조각 떼어 놓는다.
3. 프라이팬에 버터를 녹인 다음 밀가루를 황갈색이 될 때까지 볶다가 우유를 붓고 중불에서 눋지 않도록 저으면서 끓인다.
4. 단호박이 담긴 그릇에 귤을 넣고 3과 모차렐라 치즈를 뿌린 다음 전자레인지에 5분 동안 돌려서 표면이 노릇해질 때까지 익힌다.

단호박 찹쌀 도넛

재료 : 찹쌀가루 6컵, 중력분 12큰술, 황설탕 7큰술, 베이킹파우더 2큰술, 베이킹소다 1큰술, 우유 ½컵, 소금 0.5큰술, 포도씨유 7큰술, 볶은 참깨 2큰술, 검은깨 2큰술, 콩기름 적당량

단호박소재료 : 단호박 ¼개, 꿀 3큰술, 계핏가루 ½큰술

만드는 방법

1. 단호박을 쪄서 으깬 후, 꿀과 계핏가루를 넣고 단호박소를 만든다.
2. 찹쌀가루와 중력분, 베이킹파우더, 베이킹소다, 소금 등 가루재료는 체에 받쳐 곱게 내린 뒤 황설탕과 볶은 참깨 및 검은깨를 섞는다.
3. 따뜻하게 데운 우유를 2에 넣어 익반죽을 한다.
4. 작은 계란 크기의 반죽 속에 단호박소를 넣고 동그란 모양으로 빚는다.
5. 기름에 도넛을 튀긴다.

단호박 코코넛 커스터드

재료 : 단호박 ½통, 계란 2개, 황설탕 2큰술, 코코넛크림 125mL, 소금 약간

만드는 방법

1. 반으로 자른 단호박의 씨를 파내고 숟가락으로 속을 ½컵 정도 긁어낸 다음 아랫부분을 반듯하게 그릇 모양이 되게 자른다.
2. 1의 긁어낸 단호박 속은 팬에 물 1큰술을 넣고 익힌다.
3. 계란에 소금과 황설탕을 넣어 잘 섞은 다음 체에 한 번 내려준다.
4. 1의 단호박 그릇에 3과 2의 단호박 속, 코코넛크림을 함께 섞어 넣는다.
5. 찜기에 재료를 담은 단호박 그릇을 넣고 20~30분 정도 푹 쪄낸다.

단호박 아이스크림

재료 : 생크림 100mL, 우유 50mL, 단호박앙금 100~200g, 견과류 약간

만드는 방법

1. 단호박을 깨끗이 씨고 씨를 제거한 후 적당한 크기로 잘라서 15~20분 동안 찐다.
2. 잘 쪄진 단호박 껍질을 벗기고 팬에 담아서 으깬다.
3. 2에 생크림과 우유를 넣고 핸드믹서를 사용해 잘 저어준다.
4. 틀에 견과류를 섞은 반죽을 담은 후 냉동실에 넣는다.
5. 2~3시간에 한 번씩 꺼내어 포크나 숟가락으로 저어가며 얼린다.

단호박 푸딩

재료 : 작은 단호박 2개, 한천가루 3g, 물 300mL, 설탕 5큰술, 대추 1개

만드는 방법

1. 단호박 윗부분을 뚜껑 모양으로 잘라서 9분 정도 찐다.
2. 단호박의 씨와 내용물을 긁어낸다.
3. 단호박이 완전히 익지 않았으므로 200도 오븐에서 15분 동안 익힌다.
4. 내용물의 씨를 완전히 제거해 준 후 물 1컵을 붓고 으깨서 익힌다.
5. 냄비에 한천가루 3g과 물 100mL을 넣고 약한 불에서 서서히 젓다가, 으깬 호박물과 설탕을 넣는다.
6. 3의 익힌 단호박 안에 5의 푸딩을 붓고 실온에서 1시간 정도 식혔다가 냉장고에 넣어 굳힌다.

단호박 호떡

재료 : 강력분 170g, 단호박가루 25g, 통밀가루 25g, 찹쌀가루 30g, 감자전분 1큰술, 탈지분유 1큰술, 설탕 1큰술, 버터 ½큰술, 물 180~220mL, 이스트 1작은술, 소금 1작은술

속재료 : 흑설탕 4큰술, 백설탕 2큰술, 호박씨 다진 것 2큰술, 계핏가루 약간

만드는 방법

1. 강력분, 단호박 가루, 통밀가루, 찹쌀가루, 감자전분, 탈지분유를 체에 내린다.
2. 제빵기에 물→설탕→1의 각종 가루→이스트 순으로 넣고 어느 정도 엉기면 버터와 소금을 넣어준다.
3. 분량의 속재료를 잘 섞는다.
4. 손에 기름을 바르고 반죽을 떼어서 속을 넣고 잘 감싸준다.
5. 기름 두른 팬에 올려 납작하게 눌러가며 노릇하게 굽는다.

단호박 두유 리조또

재료 : 불린 쌀 2컵 320g, 단호박 120g, 양파 120g, 물 1L, 두유 200mL, 올리브유 2큰술, 소금 1큰술, 버터 20g

만드는 방법

1. 올리브유에 다진 양파와 불린 쌀을 볶는다.
2. 물을 붓고 잘게 썬 단호박을 넣고 저어가며 끓인다.
3. 끓이다가 물이 없어지면 검은콩 두유를 넣고 저어가면서 끓인다.
4. 쌀과 단호박이 익으면 소금과 버터를 넣고 저어준다.

애호박 샐러드

재료 : 애호박 ⅓개, 감자 2개, 당근 ⅓개, 귤 1개, 소금 1큰술, 파슬리가루 약간

드레싱 : 샐러드유 1½큰술, 식초 1큰술, 마요네즈 2큰술, 소금 ⅓작은술, 설탕 · 후춧가루 약간

만드는 방법

1. 애호박은 깨끗이 씻어서 사방 1cm 크기로 깍둑썰기한다. 끓는 소금물에 살짝 데친 다음에 물기를 뺀다.
2. 당근은 소금물에 푹 삶아서 고운 강판에 간다.
3. 감자는 잠길 정도의 소금물에 껍질째 넣어서 삶는다. 뜨거울 때에 껍질을 벗기고 으깬다.
4. 그릇에 샐러드유와 설탕 및 소금을 넣고 흰 거품이 날 때까지 젓다가 나머지 드레싱 재료를 넣고 고루 섞어서 새콤한 드레싱을 만든다.
5. 귤은 껍질을 벗기고 쪽으로 나눈다.
6. 볼에 1, 2, 3, 5를 넣고 4를 끼얹어 가볍게 섞어 준다. 간을 보고 파슬리 가루를 뿌려낸다.

깐놀로

재료 : 애호박 1개, 청피망 1개, 닭가슴살 150g, 계란 1개, 감자가루 60g

양념재료 : 올리브유 2큰술, 마늘 2쪽, 타임 5줄기, 소금 약간, 통후추 약간

피망소스 : 생크림 200g, 노랑파프리카 100g, 소금 약간, 후추 약간

만드는 방법

1. 호박, 청피망, 닭가슴살은 굵게 다진다.
2. 올리브유와 다진 마늘, 타임을 함께 볶다가 닭가슴살을 넣는다. 익으면 소금과 후추로 간한다.
3. 호박과 청피망도 센 불에서 각각 볶는다.
4. 계란에 감자가루를 섞어 볶은 야채와 함께 혼합하여 춘권피에 놓고 롤로 말아 팬에서 지지면서 구워낸다.
5. 파프리카는 작게 썰어 놓는다.
6. 냄비에 생크림, 파프리카, 약간의 물을 넣고 한 번 끓으면 식혀서 믹서로 갈고 체에 걸러서 소금과 후추로 간을 한다.
7. 피망소스를 접시에 깔고 깐놀로 구운 것을 반으로 자른 뒤 차빌과 차이브로 장식한다.

호박정과

재료 : 늙은 호박고지, 설탕 ½컵, 물 ½컵, 물엿 ¼컵

만드는 방법

1. 호박고지를 3~5cm 정도 먹기 좋은 크기로 자른 다음 빨리 헹궈서 건져내어 불린다.
2. 두꺼운 냄비에 설탕과 물을 1 : 1 비율로 약한 불에 젓지 않고 끓여서 시럽을 만든다. 호박고지를 넣고 졸인다.
3. 물엿을 넣어서 한 번 더 졸인다.

호박 찹쌀머핀

재료 : 찹쌀가루 110g, 호박분말 1큰술, 베이킹파우더 ½작은술, 설탕 60g, 소금 1작은술, 우유 100g, 계란 2개, 바닐라오일 ½작은술, 녹인 버터 40g, 밤조림 40g, 콩배기 30g, 슬라이스 아몬드 적당량

만드는 방법

1. 찹쌀가루, 호박분말, 베이킹파우더, 소금을 체에 쳐 둔다.
2. 우유와 계란을 넣고 거품기로 잘 섞은 후, 바닐라 오일과 버터를 넣고 다시 섞는다.
3. 2에 밤조림과 콩배기를 적당한 크기로 썰어 넣고 가볍게 저어준다.
4. 1에 3을 부어 잘 저어준다.
5. 틀에 반죽을 70% 정도 담고 윗면에 슬라이스 아몬드를 뿌려준다.
6. 180℃로 예열한 오븐에 20~25분 동안 구워준다.

대추 단호박 케이크

재료 : 대추 100g, 단호박 50g, 버터 · 황설탕 80g씩, 계란 1½개, 박력분 · 강력분 50g씩, 베이킹파우더 · 베이킹소다 ¼작은술씩, 계핏가루 · 소금 · 바날라오일 ¼작은술씩, 복숭아잼 약간

만드는 방법

1. 단호박은 껍질째 밤알 크기로 자르고 대추는 돌려깎아서 채 썬다.
2. 밀가루와 베이킹파우더, 베이킹소다, 계핏가루는 체에 내린다.
3. 녹인 버터와 황설탕을 5~6분 정도 핸드믹서로 잘 저어준 다음 계란을 서너 번에 걸쳐서 조금씩 넣어가며 섞은 후, 2의 가루와 잘 섞는다.
4. 3에 대추, 호박, 소금, 바닐라 오일을 잘 섞어서 기름종이를 깐 팬에 담는다. 170~180℃로 예열한 오븐에 40~50분 정도 굽는다.
5. 구운 케이크 위에 복숭아잼을 살짝 바른다.

호박씨 쿠키

재료 : 중력분 2½컵, 베이킹 소다 ½작은술, 베이킹 파우더 ½작은술, 소금 1작은술, 버터 1컵, 땅콩버터 1컵, 설탕 ¾컵, 계란 2개, 호박씨 1컵

만드는 방법

1. 중력분, 베이킹 소다, 베이킹 파우더, 소금을 체 친다.
2. 녹인 버터와 설탕, 계란을 섞는다. 잘 섞이면 1의 가루 재료와 호박씨를 넣고 원하는 모양으로 만든다.
3. 미리 180℃로 예열한 오븐에 넣어서 15~20분 정도 노릇하게 굽는다.

Appendix

호박 관련 자료

- 송봉근 교수의 한방클리닉 '호박씨'
- 옛 의서에 기록된 호박의 효능
- 옛 의서에 기록된 호박의 용법

Biological Stimulation of
Pumpkins on Human Body

부록 호박 관련 자료

송봉근 교수의 한방클리닉 '호박씨'

— 평소에 호박씨 애용시 '전립선 비대 발병 적어'

송봉근 칼럼니스트

미국에서는 호박을 우리와는 달리 대우를 해 주는 편인 것 같다. 가을이 깊어지면 집집마다 빨갛게 익은 호박을 문 밖에 쌓아 두기도 하고 더러는 호박에 사람 얼굴 등을 조각하여 안에다 불을 켜두기도 한다. 이때쯤이면 거리 곳곳에서 크고 작은 호박을 파는 광경을 보게 된다.

우리나라는 호박이 넝쿨째 굴러 들어왔다고 말할 때가 있다. 우리는 갑자기 뜻하지 않은 횡재를 만나면 이런 표현을 쓴다. 이런 경우를 제외하고는 호박은 대접을 받지 못한다.

우선 생김새가 별로 예쁘거나 아름답지 못하면 호박 같다고 말한다. 행동이 의뭉한 사람을 가리켜 호박씨 깐다고 말하기도 한다. 본래 성질은 바꾸지 못한다는 말을 호박에 줄 긋는다고 수박되는 거냐고 쏘아붙이기도 한다.

한편으로는 이렇게 여러 가지로 표현하는 것을 보면 호박은 우리가 흔히 주위에서 쉽게 볼 수 있는 친근한 채소 중의 하나라서 그런지도 모른다는 생각이 든다. 그래서 미국에서는 정원을 가꾸려면 먼저 호박부터 길러보라고 말하는지도 모르겠다.

어릴 적 지금처럼 간식거리가 흔하지 않던 때 출출해지면 말려 놓았던 호박씨를 까먹었던 기억이 있을 것이다. 하나씩 까먹기가 감질나서 열심히 호박씨를 먹지 않고 모았다가 한입에 털어넣을 때 입안 가득히 씹히던 고소한 맛과 오랜 시간의 인내와 노력이 순식간에 허무하게 사라져 버린 것에 대한 후회가 교차하던 것을 기억하고 있을 것이다.

호박씨 까서 한입에 털어넣는다는 속담의 의미를 직접 깨달았던 적이 있을 것이다. 그리고 다음부터 호박씨를 까먹을 때 하나씩 까먹을 것인가 아니면 참았다가 한입에 털어 버릴 것인가를 쓸데없이 걱정하던 시절이 있었을 것이다.

호박은 임진왜란 이후에 들어온 식품으로 알려져 있고 이후 각종 요리에서 빼놓을 수 없는 자리를 차지하고 있다. 반면 요즘에 호박씨는 그대로 버려지거나 아니면 별로 각광받지 않는 간식거리로 일부 이용되는 데 그치고 있는 것 같다. 하지만 호박씨의 효능에 대하여 알게 되면 새삼 그냥 버린 호박씨가 아깝다는 생각이 들지도 모른다.

호박은 한의학에서 남과라고 부르고 호박씨는 남과자(南瓜子)라고 부른다. 호박씨는 임산부가 산후 몸이 붓는 증상이 있을 때 복용하게 되면 붓기를 빼준다고 한다. 또한 각종 기생충 감염에도 효과가 있어서 이전에는 구충제로 사용하기도 하였다. 또한 백일해나 치질증에 사용되기도 하였고 산후 젖이 나오지 않을 때도 효과가 있다고 하였다.

최근에 호박씨에는 머리를 좋게 하는 레시틴과 필수 아미노산이 풍부한 것으로 알려졌다. 여기에 동맥경화증을 예방하는 리놀산이 다량 함유되어 있어서 혈압을 낮추는 효과도 있다. 바이러스 억제 작용과 항암작용도 보고되었다.

구미 각국에서는 오래 전부터 호박씨의 약효에 대한 연구와 질병 치료에 대한 연구가 많았다. 이중 가장 관심 있는 분야가 전립선염에 대한 치료효과이다. 호박씨는 이뇨효과와 염증 억제 작용이 우수한 것으로 나타났다.

독일에서의 한 연구에 의하면 호박씨를 평소 즐겨먹는 민족에게 전립선 비대를 호소하는 환자가 그렇지 않은 사람들에 비하여 적다고 한다. 호박씨에 함유되어 있는 카로티노이드 성분이나 오메가산 등은 전립선비대의 치료에 효과적이기 때문이다.

또한 호박씨에 풍부한 아연도 전립선의 기능을 정상으로 회복시켜주는 것으로 보고되고 있다. 미국전립선학회에서도 전립선질환의 치료에 자연식품의 하나로 호박씨를 추천하고 있을 정도이다.

호박씨의 또 다른 효능은 뼈를 튼튼히 한다는 것이다. 아연과 마그네슘 그리고 인과 철이 풍부한 호박씨는 뼈를 튼튼하게 하는 데 필수적인 미네랄을 충분히 뼈에 공급하는 효과를 나타낸다.

여기에 관절염에 대한 치료효과도 있다고 한다. 동물실험에서 호박씨를 먹도록 한 동물은 진통제를 복용시킨 동물과 같은 진통효과를 나타냈다.

호박씨에 함유된 식물스테롤은 콜레스테롤과 유사한 화학적 구조를 갖는다. 그래서 몸 안으로 들어오면 혈중 콜레스테롤을 낮추는 작용을 한다. 콜레스테롤이 낮아지면 동맥경화증이나 고혈압의 가능성이 줄게 된다. 여기에 호박씨는 면역 능력도 증강시키는 효과가 있다.

갱년기가 되면서 뼈가 약해져서 골다공증으로 엉덩이뼈가 골절되는 환자의 수는 50세 이상 남자에서 8명 중 1명꼴이라고 한다. 남자가 나이가 들게 되면 전립선질환의 발병률이 높아진다. 특히 음식의 서구화로 전립선비대나 전립선암 환자의 발병이 날로 증가하고 있다고 한다.

호박씨에는 전립선비대나 골다공증을 예방하고 치료하는 효과가 있다. 그렇다면 까기 귀찮다고 버리기도 하는 호박씨를 그냥 방치하는 일은 어리석은 일이 될 것이다. 까서 한입에 털어 넣든 아니면 하나씩 까서 먹든 아니면 미국에서처럼 프라이팬에 놓고 데치거나 양념을 해서 먹게 되면 훌륭한 영양간식 및 치료 보조제가 될 것이다.

이제 곧 호박을 추수하여 말리거나 호박전을 해서 먹는 계절이다. 호박이 다소 못생겼더라도 호박씨만큼은 잘 씻어서 말려둘 일이다. 출출할 때 먹기에는 어느 간식보다 좋을 것 같기 때문이다.

◇ 송봉근 프로필

現 원광대학교 광주한방병원장

現 원광대학교 한의과대학 교수(한의학 박사)

現 원광대학교 광주한방병원 6내과 과장

원광대학교 한의과 · 동 대학원 卒

中國 중의연구원 광안문 병원 객원연구원

美國 테네시주립의과대학 교환교수

출처: http://honam.breaknews.com/sub_read.html?uid=12718&section=section29

옛 의서에 기록된 호박의 효능

1. 방약합편

남과감온능보중 南瓜甘溫能補中 동식양육기불통 同食羊肉氣不通

호박은 달고 따뜻해 비위를 잘 보하지만 양고기와 같이 쓰면 기가 막혀서 통하지 않는다.

2. 본초강목

호박 속으로 얼굴을 씻으면 검버섯이나 기미, 주근깨가 없어지고 피부가 희고 탄력이 살아난다.

호박은 돼지고기와 같이 먹으면 좋다. 꿀과 같이 끓여 먹는 것도 좋다. 허나 호박을 지나치게 먹으면 각기와 황달이 생길수도 있다.

3. 신농본초경

호박씨가 살결을 곱게 하고 얼굴을 아름답게 한다.

4. 왕실왕명술

호박은 음양오행에서 토(土)를 지녔다. 내장을 활성화하는 섬유질이 풍부하여 어린 호박잎을 쌈장에 싸서 먹던 옛 맛의 향수가 뼈에 저려온다.

호박의 약효로서 위장의 작용을 돕고 혈압을 낮추며 중병 끝의 쇠약한 몸을 추스려 준다. 호박씨는 호두와 같이 뇌를 총명하게 한다.

5. 일화자본초

늙은 호박이 피부의 풍과 검버섯을 제거하고 살결을 윤택하게 한다.

옛 의서에 기록된 호박의 용법

1. 소아 감기, 경풍, 풍습열사, 충수염으로 인한 통증

호박 속에서 싹이 난 것을 4~8g을 물로 달여서 먹는다. — 중약대사전

2. 끓는 물에 덴 상처

호박 꼭지를 햇볕에 말려 약성이 남게 태운 다음, 곱게 갈아 참기름에 개어서 바른다. — 강서 초약수책

호박줄기즙을 하루에 여러 번 바른다. — 복건중의약잡지

3. 태아를 보호하는 처방

누런 소의 코 1개를 약성이 남도록 태운 재를 호박꼭지 40g과 함께 물에 넣고 달여서 복용한다. — 본초강복습유, 신묘탕

4. 정창 (疔瘡 : 악성종기정, 부스럼창)

늙은 호박 꼭지 몇 개를 약한 불에 구운 다음 곱게 갈아 참기름에 개어서 바른다. — 행협검비

5. 산후 모유부족

한 번에 신선한 호박씨 20~25g을 복용한다. 씨껍질을 벗긴 알맹이(인 : 仁)를 거즈에 싸서 진흙처럼 찧고 끓인 물 적당량을 넣어 복용한다. 콩기름이나 설탕을 좀 넣고 섞어 먹어도 된다. 매일 아침, 저녁으로 빈속에 한 번씩 복용한다. 일반적으로 3~5일 동안 복용하면 효과가 나타난다. 만약 호박씨를 볶거나 죽을 쑤어 먹으면 효과가 없다. — 중국 임상보고

6. 백일해

호박씨를 기왓장에 놓고 누렇게 구운 다음 갈아서 가루 낸다. 붉은 설탕 끓인 물에 조금씩 개어서 하루에 여러 번 먹는다. — 강서중의학

7. 암치질

호박씨 1kg을 달여서 약기운을 쏘인다. 매일 두 번씩, 여러 날 연속 쏘인다. — 영남초약지

8. 칼에 벤 상처

호박잎을 햇볕에 말려서 곱게 갈아서 상처에 바른다. — 민동본초

9. 탄알이 몸에 박힌 경우

호박의 속을 바른다. 늦게 딴 호박을 간수에 담갔다가 쓴다.

— 수식거음식보

10. 끓는 물이나 높은 열에 덴 상처

삼복에 딴 늙은 호박의 속과 씨를 함께 병에 넣어 두는데, 오래 둘수록 좋다. 끓는 물이나 높은 열에 데어서 상처를 입었을 때에 바른다.

— 자항활인서

신선한 호박을 짓찧은 즙을 자주 바른다. — 수식거음식보

11. 안구를 다쳤을 때

호박의 속을 다친 눈에 찧어 바르는데, 12시간가량 계속 바른다.

— 영남초약지

12. 여성의 젖꼭지가 오므라져 안으로 들어가고 몹시 아플 때

호박 덩굴손 한 줌에 식염 소량을 넣고 짓찧어 끓인 물에 개어 먹는다.

— 중약대사전

13. 위통

호박 줄기의 즙을 설탕에 타서 먹는다. — 민동본초

14. 변비

호박 뿌리 60g을 진하게 달여서 관장한다. — 민동본초

15. 아편독을 푸는 처방

신선한 호박을 짓찧은 즙을 자주 마신다. — 수식거음식보

16. 회충

호박을 생식하면 회충을 구제한다. 성인은 1회 500g, 아동은 250g을 먹고 2시간 후에 하제를 복용한다. 이렇게 이틀간 연속 복용한다. 시험적으로 10례를 치료하였는데, 6례에서 회충이 배출되었다. 많은 것은 100여 마리, 적은 것은 2마리였다. — 중국 임상보고

17. 폐농양

호박 500g에 쇠고기 250g을 푹 삶아서 소금과 기름을 넣지 않고서 먹는다. 몇 번 먹은 후에 육미지황탕 5~6제를 복용한다. 기름기 있는 음식은 금한다. — 영남초약지

18. 당뇨병에 인슐린 분비 촉진

잘게 썬 호박을 햇볕에 바짝 말려서 가루로 만들어 하루에 20g씩 꾸준히 복용하면 인슐린 분비를 돕는 작용을 한다.

19. 건성 늑막염, 늑간 신경통

호박을 푹 삶아서 종이에 바른 후에 붙이면 염증을 없애고 통증을 멎게 하는 작용을 한다. — 중국약식도감

색인 INDEX

ㄱ

ㄷ

ㄹ

ㅁ

ㅂ

ㅅ

ㅇ

ㅈ, ㅊ

ㅋ, ㅌ

ㅍ

ㅎ

abc

참고 문헌

권용주, 송근섭, 이태규(1985) : 호박씨의 지방성분에 관한 연구. 전북대학교 농대 논문집 16: 107~114
금종화(1999): 마늘 식초 및 호박 식초에 관한 연구. 한국식품영양학회 12권 5호 p.518~522
김천수(2003): 호박씨 기름으로부터 Sterol 成分들의 分析에 관한 硏究 = 서울산업대학교 석사학위논문
김천수(2008): 호박종자유와 톱야자유 섭취가 전립선비대증에 미치는 영향에 관한 연구. 중앙대학교 박사학위논문
김명, 이숙희, 최홍식(1984): 잣 지질 성분의 분획 정량 및 각 분획의 지방산 조성. 한국식량영양학회지 13(4): 406
김병철, 이증주(1997) : Magnesium 결핍이 항산화효소의 활성유도에 미치는 영향. 한국잡초학회 17권, 4호
김성란, 하태열, 송효남, 김윤숙, 박용곤(2005): 단호박과 늙은 호박의 영양성분 및 항산화활성 비교. 한국식품과학회지. 제37권 제2호 (2005. 4), p.171~177
김재환(2008) 제주산 호박 효소추출물의 항산화 활성
김종열. 2005. 박과채소의 한의학적 효능 가치. "박과채소의 다양성과 기능성을 활용한 부가가치 증진방안" 한국박과채소연구회 제 3회 전국박과축제한마당 기념 심포지엄 p.99~113
김주남(1996): 재래종 호박과 호박씨의 지질성분에 관한 연구
김준평, 이영자, 남궁석(1978): 호박씨의 지방산 및 단백질의 조성에 관한 연구. 한국식품과학회지 10: 83~87
김창민 (1997): 완역중약대사전 정담. 서울 p.874
김혜경, 최홍식. 1992. 식품 및 생체 carotenoid의 co-oxidation Korean J life science. 2: 91~96
김현오, 박미원, 유영희(2001): 호박씨의 이화학적 특성. 장안전문대학. 산업기술연구 p.16~27
남궁석, 이정윤(1987): 한국산 살구 씨앗의 단백질 및 아미노산 조성. 한국식량영양학회지. 16(4): 306
노숙령, 윤미은(2009): 호박찜 추출물의 보충섭취가 여대생의 혈중 지질과 혈당에 미치는 영향. 대한영양사협회 학술지 15(4):343-355
노숙령, 이복희, (2009): Cucurbita 속 작물의 생리활성 규명과 고부가가치 기능성 식품개발 및 산업화. 농림수산식품부 연구 보고서 2009년 7월
농촌 진흥청(2001): 식품 성분표
농촌 진흥청(2006): 식품 성분표
석호문, 박용곤, 하재호, 남영중(1990): 호박의 이용기술 개발연구. 한국식품개발연구원 보고서
송인선 이경미 김미리(2004): 올리고당을 첨가한 호박잼 저장 중 품질 특성 변화. 한국조리과학회지 20권 3호 p.279~286
송주택: 식물학사전. 거북출판사
신용시 이갑상 김동한 (1993): 고구마와 호박을 첨가한 요구르트 제조에 관한 연구. 한국식품과학회지25권 6호 p.666~671
신재용 (2008) 체질음식 동의보감(체질에 따라 치료효과 100% 높이는) 81p. 웰빙플러스
심길순(1993) 약사공론 제 2556 제2601호 대한 약사회
심후성, 장병철, 박혜민, 정병용, 오만진. 2008. "발아 호박씨로부터 Cucurbitacin E의 분리정제 및 항암, 항염증 활성" 한국식품영양과학회지 37(7) :834~840
안봉전, 이진태, 곽재훈, 박정미, 이진영, 박태순, 손준호, 이임식, 윤승섭(2004) : 늙은 호박 추출물의 생리활성효과 한국약초학회지 19권 2호
안용근 이석건(1996) : 호박술에 관한 연구. 한국식품영양학회지 9권 2호 p.160~166
오봉윤(1998): 호박즙의 유지에 대한 항산화 효과. 한국가정과학회지 1권 2호 p.89~99
윤선주, 김수, 전하준, 정병룡, 정희돈. 2002. 한국 재래종 호박의 생리활성물질. 원예과학기술지 20(I): 51~51
윤숙자(1999): 단호박 첨가수준에 따른 호박떡의 기호성 및 품질특성. 한국조리과학회지 15권 6호 p.586~590
윤숙자, 안현주(2000): 제조방법을 달리한 호박떡의 품질 특성. 한국조리과학회지 16권 1호 p.36~39
이성현(1999): 호박추출물의 섭취가 흰쥐의 지질 및 무기질 대사에 미치는 영향. 농촌진흥청 농촌생활연구소(포스터 발표)
이성현 황보영숙 김지연 한귀정. 1999 호박추출물의 섭취가 흰쥐의 지질 및 무기질 대사에 미치는 영향 한국영양학회 추계학술대회초록 수록면 p.47~47
임선영(2005): 호박분 첨가에 의한 반죽의 제빵성 연구. 군산대학교 석사학위논문

임종필, 최훈(2001): 호박물 추출물이 부종 및 고지혈증에 미치는 영향, 한국약용작물학회지 제9권 제4호(2001.12) p.280~283

장상문, 박난영, 이주백, 안홍. 2001. 늙은 호박의 부위별 성분비교. 한국식품영양과학회 30(6): 1038~1040

장상문, 이주백, 안홍, 김지향, 박난영. 2002. 호박 및 한방생약재 추출액이 마우스 혈액성상에 미치는 영향. 식품산업과 영양 7(1): 40~44

정용진 이명희 이기동 서지형 김옥미(2001): 반응표면분석에 의한 호박벌꿀고추장의 담금 조건 설정. 한 국영양식량학회지 30권 6호 pp. 1102-1107

조규성(1997): 미숙호박과 완숙호박의 화학성분. Korean J. Food Sci. technol. 29(4): 657~662

조혜정, 안채경, 염초애(1996): 호박죽의 재료와 배합비 변화에 따른 기호도 연구. 한국조리과학회지 12권 2호

한귀정. 2004. 박과채소의 영양적인 효능과 이용. "웰빙시대의 박과채소의 역할" 한국박과체소연구회 4권 21~30

한명주, 이영경(1993) : 늙은 호박을 함유한 요구르트의 개발. 한국식품위생안전성학회지 8권 1호

허수진, 김준한, 김종국, 문광덕(1998): 호박 및 단호박의 식품성분 비교. 한국식생활문화학회지. 13(2): 91~96

www.menupan.com/

blog.daum.net/twins0807

www.gungsan.co.kr/intro/hocooks.htm

www.foodnara.com

www.delicook.com/cooking/

kitchen.naver.com/

cook.miznet.daum.net/

www.ezday.co.kr/

Acosta-Patiño JL, Jiménez-Balderas E, Juárez-Oropeza MA, Díaz-Zagoya JC:Hypoglycemic action of Cucurbita ficifolia on Type 2 diabetic patients with moderately high blood glucose levels. Ethnopharmacology

Alarcon-Aguilar FJ, Hernandez-Galicia E, Campos-Sepulveda AE, Xolalpa -Molina S, Rivas-Vilchis JF, Vazquez-Carrillo LI, Roman-Ramos R(2002): Evaluation of the Hypo glycemic effect of Cucurbita ficifolia Bouché (Cucurbitaceae) in different experimental models. Ethnopharmacology

Borenstein B, Bunnell RH(1966): Carotenoids: properties, occurrence, and utilization in foods. Adv Food Res. ;15:195-276

Cheong NE, Choi YO, Kim WY, Bae IS, Cho MJ, Hwang I, Kim JW, Lee SY(1997): Purification and characterization of an antifungal PR-5 protein from pumpkin leaves. Department of Biochemistry, Gyeongsang National University, Chinju, Korea.

Chiroinositol deficiency and insulin resistance. II. Acute effects of D－chiroinositol administration in streptozotocin-diabetic rats, normal rats given a glucose load, and spontaneously insulin-resistant rhesus monkeys. 132(2):646-51.

Cho GS. 1997. Chemical composition of the green and ripened pumpkin (Cucurbita moschata Duch). Korean J Food Sci Technol 29: 657~662

Choi CB, Park YK, Kang YH, Park MW (1998): Effects of pumpkin powder on chemically induced stomach and mammary cancer in sprague-dawley rats. Korean J Soc food Sci 27(5):973-979

Department of Biochemistry and Nutrition, Central Food Technological Research Institute, Mysore 570 020, India.(2008): Influence of food acidulants and antioxidant spices on the bioaccessibility of beta-carotene from selected vegetables.

Fonteles MC, Almeida MQ, Larner J. 2000. Antihyperglycemic effects of 3-O-methyl-D-chiro -inositol and D-chiro-inositol associated with manganese in streptozotocin diabetic rats. Horm Metab Res. 32(4):129~32.

Giami SY, Chibor BS, Edebiri KE, Achinewhu SC(1999): Changes in nitrogenous and other chemical constituents, protein fractions and in vitro protein digestibility of germinating fluted pumpkin (Telfairia occidentalis Hook) seed.

Harper, A. E., Benton, D. A. Elvehjem, C. A. (1955): Leucine and isoleucine antagonist in rat. Archs, Biochem. Biophy. 57: 1

Jang SM, Lee JB, Ahn H, Kim JH(2002): The effect of pumpkin and medical herb extract supplement on blood composition of the women delivered of a child. Food Industry and Nutrition. 7(1): 45~49

Jeong YM(2004): Effect of dietary pumpkin powder on lipid metabolism and vascular complications in diabetic rats. Yeungnam University M. S. Thesis

Jia W, Gao W, Tang L(2003): Antidiabetic herbal drugs officially approved in China. The School of Pharmacy, Shanghai Jiao Tong University, Shanghai, China. weijia@mail.sjtu .edu.cn

Larner J. 2001. D-chiro-inositol in insulin action and insulin resistance-old- fashioned biochemistry still at work. IUBMB Life. Mar; 51(3) : 139-48

Larner J. 2002. D-chiro-inositol--its functional role in insulin action and its deficit in insulin resistance. Int J Exp Diabetes Res. 3(1):47-60.

Lyimo MH, Nyagwegwe S, Mnkeni AP. 1991. Investigations on the effect of traditional food processing, preservation and storage methods on vegetable nutrients: a case study in Tanzania.

Marie-Magdeleine C, Hoste H, Mahieu M, Varo H, Archimede H(2008): In vitro effects of Cucurbita moschata seed extracts on Haemonchus contortus. Vet Parasitol

Miglio C, Chiavaro E, Visconti A, Fogliano V, Pellegrini N(2008): Effects of different cooking methods on nutritional and physicochemical characteristics of selected vegetables.

Nagra S.A. Khan S(1988): Vitamin A(*B*-carotene) losses in pakistani cooking. J. Sci. Food, Agric. 46: 249

Nishini H. 1998. Cancer prevention by carotenoid. Matat Res. 402: 159-165

Nkosi CZ, Opoku AR, Terblanche SE(2005): Effect of pumpkin seed (Cucurbita pepo) protein isolate on the activity levels of certain plasma enzymes in CCl4-induced liver injury in low-protein fed rats.

Nkosi CZ, Opoku AR, Terblanche SE. 2006. In Vitro antioxidative activity of pumpkin seed (Cucurbita pepo) protein isolate and its In Vivo effect on alanine transaminase and aspartate transaminase in acetaminophen-induced liver injury in low protein fed rats. Biochemistry and Microbiology

Ortmeyer HK, Huang LC, Zhang L, Hansen BC, Larner J. 1993.

Park YK, Cha HS, Park MW, Kang YH, Seog HM(1997): Chemical Components in Different Parts of Pumpkin. Korean J Soc food Sci Nutr 26(4): 639-646

Quanhong L, Caili F, Yukui R, Guanghui H, Tongyi C(2005): Effects of protein-bound polysaccharide isolated from pumpkin on insulin in diabetic rats. Plant Foods Hum Nutr. 60(1):13~6.

Timothy(1998): CRC Ethnobotany desk reference

Tsai YS, Tong YC, Cheng JT, Lee CH, Yang FS, Lee HY(2006): Pumpkin seed oil and phytosterol-F can block testosterone/prazosin-induced prostate growth in rats. Institute of Clinical Medicine, Department of Urology, College of Medicine, National Cheng Kung University, Tainan, Taiwan. 17033217 PubMed

Xia T, Wang Q. 2006. D-chiro-inositol found in Cucurbita ficifolia (Cucurbitaceae) fruit extracts plays the hypoglycaemic role in streptozocin - diabetic rats. J Pharm Pharmacol. Nov;58(11):1527-32.

Xia T, Wang Q(2006): D-chiro-inositol found in Cucurbita ficifolia (Cucurbitaceae) fruit extracts plays the hypoglycaemic role in streptozocin-diabetic rats. College of Life Science, East China Normal University, Shanghai, PR China. txia@bio.ecnu.edu.cn 17132216 PubMed

Yang X, Zhao Y, Lv Y(2007): Chemical composition and antioxidant activity of an acidic polysaccharide extracted from Cucurbita moschata Duchesne ex Poiret.

저자소개

노 숙 령

숙명여자대학교 이학박사
미국 Texas A&M 대학교 Post Doc.
일본 오사카 시립대학 객원교수
전북대학교 교수
중앙대학교 생활과학대학장
현_중앙대학교 식품영양학과 명예교수

대한영양사협회 회장
농림부 양곡유통위원
보건복지가족부 식품위생안전심의의원
환경부 폐기물분과 심의위원
한국식품영양과학회 부회장
한국여성단체 협의회 부회장
한국직능단체 총연합회 부회장

윤 미 은

숙명여자대학교 이학박사
중앙대학교 식품영양학과 강사
현_삼육대학교 식품영양학과 강사

호박의
인체생리활성 기능

2010 년 3 월 25 일 초판 인쇄
2010 년 4 월 1 일 초판 발행

저 자 노숙령 / 윤미은
발 행 인 주병오
발 행 처 지구문화사 JIGU PUBLISHING Co.

경기도 파주시 교하읍 문발리
파주출판문화정보산업단지 518 – 2
영업팀 (031) 955 – 7566 / 7577
편집팀 (031) 955 – 7731
FAX (031) 955 – 7730
홈페이지 www.ji-gu.co.kr
전자우편 jigupub@hanmail.net

등록번호 1979년 7월 13일 제 9–57호

ISBN 978 – 89 – 7006 – 478 – 9 값 18,000원

서양종 호박
(Pumpkin, Winter squash, 南瓜 Cucurbita maxima duch.)

호박
(Spuash, Pumpkin, 南瓜, Cucurbita moschata Poir)

Cucurbiteae

멜론(Melon, 甛瓜, Cucumis melo L.)
참외(Melon, 甛瓜, Cucumis melo L.)
오이(Cucumber, 黃瓜, Cucumis sativus L.)

Melothrieae

박과
(Cucurbitaceae)